JavaScript 百炼成仙

杨逸飞◎编著

清華大學出版社
北京

内 容 简 介

这是一本讲解 JavaScript 编程语言的技术书籍，只不过，本书采用了一种全新的写作手法。如果你厌倦了厚厚的、如同字典般的编程书籍，不妨尝试一下新的口味！通过本书，你可以领悟到 JavaScript 的函数七重关秘籍；通过本书，你可以轻松学会使用 jQuery 操作 DOM 对象；通过本书，你可以学会目前流行的 Vue 基础语法；通过本书，你还可以学会最新的 ES6 常用语法。

本书可作为 JavaScript 初学者入门的趣味读物。

图书在版编目（CIP）数据

JavaScript 百炼成仙/杨逸飞编著.—北京：清华大学出版社，2021.5（2022.6重印）
ISBN 978-7-302-56662-5

Ⅰ.①J… Ⅱ.①杨… Ⅲ.①JAVA 语言—程序设计 Ⅳ.①TP312.8

中国版本图书馆 CIP 数据核字(2020)第 203757 号

责任编辑：郭　赛
封面设计：傅瑞学
责任校对：胡伟民
责任印制：刘海龙

出版发行：清华大学出版社
　　网　　址：http://www.tup.com.cn，http://www.wqbook.com
　　地　　址：北京清华大学学研大厦 A 座　**邮　　编**：100084
　　社 总 机：010-83470000　**邮　　购**：010-62786544
　　投稿与读者服务：010-62776969，c-service@tup.tsinghua.edu.cn
　　质量反馈：010-62772015，zhiliang@tup.tsinghua.edu.cn
　　课件下载：http://www.tup.com.cn，010-83470236
印 装 者：天津安泰印刷有限公司
经　　销：全国新华书店
开　　本：170mm×230mm　**印　张**：16.5　**字　　数**：290 千字
版　　次：2021 年 6 月第 1 版　**印　　次**：2022 年 6 月第 5次印刷
定　　价：66.00 元

产品编号：080206-01

前　言

JavaScript是一种轻量级的动态编程语言，在诞生之时，JavaScript并没有受到人们的过多关注，但是谁也想不到，在大前端快速风靡的今天，JavaScript已经成为当今编程世界中优雅而不可或缺的一员。如果你是一名编程初学者，刚刚学习完HTML和CSS，那你就不得不接触JavaScript了。刚开始，你会用jQuery操作DOM，切换页面并写一写单击事件，似乎觉得JavaScript也不过如此。然而，当你在for循环里面写了一个setTimeout函数后，意想不到的结果发生了，这时你才明白前端这"坑"，竟如此之深！

JavaScript就是这样一种看起来简单，却又很难精通的编程语言。

也许你是一名想要学习JavaScript的"小白"，或者是工作多年的"程序猿"，甚至是已经用Vue前端框架做过很多项目的"大牛"，但是不管怎样，相信你在阅读本书后，一定会有意外的收获。你平时可能只知道该这样写业务逻辑，该那样定义变量，否则就会报错，这是多年的工作经验给你带来的宝贵财富。但在阅读本书后，你可能就会在某些地方豁然开朗，哦，原来它的内部是这样运作的！

本书的第1～3章讲解JavaScript的基础知识，对于一些重要的知识点，如json对象、函数、闭包等，更是用了近乎"变态"的篇幅进行详细阐述。再加上本书多数章节采用小说体讲述知识，可以使读者学习起来不会觉得过于无聊，反而会饶有兴趣。JavaScript的基础知识尤为重要，可以说，学好了JavaScript的基础知识，后期再学习各种框架，就会变得游刃有余。

本书的第4章和第5章将介绍当今的主流前端框架之一——Vue。只要读者具备一定的JavaScript编程基础，学习Vue也会是比较轻松的。

一旦进入前端行业，你就会发现，前端不仅是一堆事件的堆砌和数据的渲染。随着B/S架构的流行,网页变得越来越复杂,这就导致JavaScript的代码量越来越大。尤其是在编写复杂的业务逻辑时,由于需要频繁调取后端接口,并在得到接口的返回值后才能进行其他操作,因此如果接口与接口之间有连带关系,大量的回调函数就会嵌套,从而使得代码很容易产生意想不到的错误。更可怕的是,这样的代码,在检查时却完全看不懂。这个时候,就可以使用promise对象和async函数了,这是ES6语法的知识点,本书的第6章将会简单介绍这些知识。

为了使读者能够开心愉悦地阅读本书,本书多数章节采用玄幻小说的写作风格,书中的小故事可以让读者以全新的角度看待JavaScript。或许你可以在叶小凡的修仙旅途中感悟到JavaScript的美感,从此在面对工作和学习中的JavaScript代码时,不再觉得这是一种负担,而是一种喜悦。

本书的编写灵感来自于笔者的一次奇思妙想,因为在市面上不容易找到一本类似小说的编程技术书籍,于是,本书就诞生了。本书不像传统的技术书籍那般沉闷,而是像玄幻小说一样,阅读起来很有趣味性。读者会发现,原来JavaScript还可以这样学。

如果你已经准备好了,那么请跟着叶小凡,开始享受这段开心愉悦的修炼旅途吧!

编　者

2020年8月

目　录

第1章　掌握 JavaScript 基础

1.1　初入宗门

乐阳村处于脚本大陆东部的边缘地带，其民风淳朴，村民日出而作、日落而息。某一日清晨，所有村民都来到了村口，正在为一个十五六岁的少年送行。只见那个少年虽然身体瘦弱，可是目中却绽放出异彩；身躯虽不壮实，倒也挺拔。

“叶小凡，你是我们全村人的骄傲，是百年来唯一具备修行 JavaScript 甲等资质的孩子！马上会有千鹤派的大人来接你，今后你一定要认真修行，给我们全村的人争光！”

他叫叶小凡，几天前通过了修行资质的检验，符合了修行 JavaScript 的资质。

“千鹤派！”叶小凡眼前一亮，语气中伴随着激动，两眼放光。千鹤派在脚本大陆是数一数二的大门派，每个宗门弟子都能够修炼一种神奇的功法——JavaScript，修成之后，其威力之大，足以翻山倒海，称霸一方天地！

不多时，天气风云变化，一道长虹降下，瞬间变为一人。他身穿一件玄青色的玉锦衣服，腰间绑着一根白色蟠螭纹革带，一头黑发，有着一双清澈明亮的眼眸，身形颀长，当真是气宇轩昂、温文尔雅。

“你就是叶小凡？”男子淡淡开口，神识一扫，惊讶地发现此子的修行资质竟为甲等，眼中闪过一丝惊讶。

“在下林元青，千鹤派青山院掌尊，你既然通过了考核，便具备了修炼资质，你随我即刻上山，不得有误。”

叶小凡便告别众人，在林元青的术法之下随即化为一道长虹飞天而去，留下了一脸惊讶的村民。

千鹤派分为三大院，分别为青山院、绿水院以及神秘的玄冰院。每个院都有一个掌尊，林元青赫然便是青山院的掌尊！掌尊地位之高，仅次于大长老；大长老之上，又有太上大长老。几乎只是两三次呼吸的时间，林元青已经带着叶小凡来到了千鹤派的青山院。叶小凡两眼一花，仿佛上一刻还在村口，下一刻就看到了千鹤派的阁楼。

"这里是……?"叶小凡一辈子都没有见过如此宏伟的建筑，忍不住开口。一想到今后可以在这里修行，更是兴奋，"哈哈，我叶小凡今后一定能突破层层障碍，成为 JavaScript 一代大师!"

"这里是千鹤派的青山院。"林元青招来仆从，给叶小凡随意找了一个住处，又给了一卷功法，吩咐了几句后，似乎还有其他要事，便立即化为一道长虹离去了。

叶小凡拿起功法一看，上面赫然写着"JavaScript 基础修炼要诀"几个银光大字，他眼中放出异彩，一想到村中父老乡亲那期盼的眼神，便下定决心，不混出个名头绝不回去!

1.2 直接量

叶小凡的住处被安排在青山院西北角的一个房间，虽不宽敞，倒也干净。叶小凡两眼露出振奋的眼神，随便吃了点乡亲们准备的干粮后，就立刻开始打坐修行。**编程之修，重在积累，而非资质。资质虽然重要，可是后天的努力更不可缺少**。这些道理，叶小凡在还未上山之前就已经熟知！因此，即便是资质平凡，但只要肯下苦功，一样可以修得正果！叶小凡虽然具有甲等资质，但他依然不骄不躁，开始从《JavaScript 基础修炼要诀》第一页学起。

修炼要诀第一章——直接量。

编程世界中的直接量，就是表面上可以见到的数据值。常见的直接量有数字、小数、字符串。修行者利用自身体内的能量，凝结出一个个简单的直接量。叶小凡目前的修为较低，连最基本的学徒境界都没到，体内能量薄弱，经过多次尝试，只能凝练出一些简单的数字，比如10、20。忽然，叶小凡目光一闪，一个字符串在体内形成！叶小凡细细感悟，原来是一个“Hello World”字符串，叶小凡善于观察，立刻发现了字符串和数字的不同。**字符串的出现必然带着双引号，被很好地包裹住，而数字则是光秃秃的，如10或者20，没有双引号。**

“原来，字符串一定需要用双引号包裹，那么单引号是否可行呢？”叶小凡重新运气，转眼间，一个用单引号包裹的‘Hello World’就出现了。见此，叶小凡大喜，哈哈，**原来单引号也可以**。

```
1 "Hello World"
2 'Hello World'
```

突然，这两个字符串和数字像是失去了依托，瞬间化为虚无。叶小凡一惊，心道：看来直接创造出来的直接量只是昙花一现，无法持久存在，要是有一个什么东西能把直接量装起来就好了。

1.3　变量的声明

叶小凡收起心神，继续阅读《JavaScript基础修炼要诀》，忽然间，他眼前一亮。

“原来如此，直接量虽然只是昙花一现，但是如果能用var定义一个变量，再将它指向那个直接量，就能有保存数据的妙用了！”

想到这里，叶小凡立即催动功法，定义了一个变量。

```
var a;
```

“成了！”，叶小凡开心地一拍手，心念一动，一个用双引号包裹的“Hello World”字符串凭空出现。这一次，没等字符串遁入虚无，叶小凡就立刻让变量a指向了这个字符串。

```
var a;
a = "Hello World";
```

“嗯,有点麻烦,还不如直接合并为一句,先定义变量,然后指向一个字符串,这种操作分成了两步,还是一步到位更好。”就在叶小凡这么想的时候,代码立刻发生了变化。

```
var a = "Hello World";
```

原来这样也可以!

1.4 数据类型

修行还在继续,随着对要诀理解的深入,叶小凡明白,在编程世界中,刚才的直接量都属于一种数据,如同人有男女之分一样,数据也是有类型的。在 JavaScript 中,数据可分为两类,分别为原生数据类型(primitive type)和对象数据类型(object type)。

叶小凡心念一动,数字“6”立刻浮现在他体内的内存元海中,同时,为了不让数字消失,他还专门定义了一个变量指向这个数字。

```
var num = 6;
```

叶小凡心中已有明悟,这个**数字**和**字符串**都属于原生数据类型。那么,还有其他原生数据类型吗?随着心念扫过要诀,一炷香的时间后,叶小凡已经若有所悟。原来,原生数据类型包括数字、字符串、布尔值,还有两个特殊的类型:**null** 和 **undefined**。

“布尔值,”叶小凡口中喃喃,“**它是一种只有 true 和 false 两种状态的类型。**”嗯,就好像以前自己在村子里点蜡烛,要么蜡烛亮起来,要么蜡烛熄灭,只有这两种状态。至于 null 和 undefined,叶小凡略一皱眉,结合秘籍,开始了感悟。

一炷香的时间过去了,叶小凡猛地睁眼,呼吸都有点急促。

“我明白了!**从用法上来看,null 和 undefined 都代表了直接量的空缺**,如果一个变量指向了其中任何一个,都代表 **false** 的含义,也表示没有或空的概念。而从根本意义上讲,**undefined 要比 null 更加严重一点**,代表本不应该出现的错误,比如我刚才定义了一个变量 a,但是我没有把任何直接量赋给它,那么 a 就默认指向了 undefined;而 null 不同,有的时候,我需要给某些变量赋值 null,以达到清空的目的。"

◇ 拓展阅读

JavaScript 包括直接量和变量。首先说直接量,什么是直接量呢?在 JavaScript 的世界里,直接量包含数值(如 10/20)、逻辑值(true/false)、字符串(如"nihao")、null、undefined、对象和函数。其中,函数也称方法,对象和函数会在之后的章节中慢慢介绍。你暂时可以认为对象是存放数据的一个容器,而函数是应用程序处理某一系列逻辑的一个过程设计。

null 是一个特殊的关键字,表示没有值;null 也是一个原始值,因为 JavaScript 是大小写敏感的,所以 null 和 Null、NULL 或者其他变量是有区别的。

undefined 是一个顶级属性,它代表某一个变量未定义。同样,undefined 也是一个原始值。

说完直接量,再来说变量。所谓变量,就是指向了某个直接量或者其他变量的"钥匙"。比方说,把一个直接量 true 比作一扇门,然后定义一个变量 flag,最后通过赋值运算符"="将这个 true 赋值给 flag,这样就完成了一个变量的绑定。

从此以后,你在别处使用变量 flag,也就相当于使用了直接量 true。简单来说,就是这么回事。

1.5 基础考核

叶小凡兴奋起来,那种钻研了很久之后猛地豁然开朗的感觉实在是太爽了。趁着心情大好,叶小凡继续钻研《JavaScript 基础修炼要诀》,一晃半天时间过去了。叶小凡性格谨慎,也非常刻苦,有很多问题即便弄明白了,也忍不住要举一反三。

这段时间,如果肚子饿了,叶小凡就吃身上带的干粮。这一幕幕,都被青山院掌尊看在眼里,他心里微微诧异,更多的是欣慰。

"此子修行刻苦,虽然目前只是黄衣弟子,可这种修行的忍耐力和执着,哪怕是宗门护法,看到了也要心惊。"

在千鹤派,弟子根据修为的高低分为黄衣弟子和红衣弟子。红衣弟子之上,便是宗门护法,护法再往上就是掌尊。但凡成为红衣弟子,便会受到宗门的重视,修行资源和待遇也是水涨船高。如果有幸成为宗门护法,那更是一步登天,在每一个大院,宗门护法的权力仅次于掌尊!而此刻的叶小凡,还只是最低一级的黄衣弟子。

这期间,林元青时不时地会来到叶小凡的住处为他点拨一二。叶小凡在林元青的点拨下,很多之前想不通的难题都迎刃而解,他看向林元青的目光更是多了几分尊敬。

"叶小凡,下个月就是我们青山院基础考核的日子了!"林元青淡淡说道。

"基础考核?"叶小凡一愣。

"没错,在千鹤派,每个月都会有一次考核,如果考核进入前5名,除了能获得一笔宗门的奖励,还能收获不菲的贡献点。第一名甚至可以直接进阶为身份更高的弟子!"

叶小凡自知现在自己是黄衣弟子,一旦晋升成功,就能成为红衣弟子。临走前,林元青看了叶小凡一眼,说:"希望这次你别让我失望!"

1.6 叶老

这一日,叶小凡来到青山院附近的小山上修炼,忽然被一块石头绊了一跤,正在他自认倒霉地打算爬起来的时候,他在石头缝里发现了一枚古怪的戒指。戒指通体呈现枯黄色,似是年代久远。

"摔了一跤,捡到一枚戒指,算是补偿吧,虽然这枚戒指应该也没什么用。"叶小凡随手拿起戒指,戴在了手上。就在这时,一股神秘的力量从叶小凡的丹田之处涌了上来，这股力量将他置身于一个奇妙的空间之中。

“哈哈哈，小娃娃，没想到我叶老被封印了上千年，今天托你的福终于重见天日啦！咦，你的修为怎么这么低，竟然连幼儿园的水准都没有！罢了罢了，从今以后就由我来教导你，你最好给我尽快达到大学的修为，这样我就可以真正地自由啦！”

叶小凡被这突如其来的声音吓了一跳，惊慌地喊道：“怎么回事，你是谁，你想干什么？”

“我是叶老，几千年前是这片脚本大陆的最强者，只不过不小心遭人暗算，才被封印到了这枚戒指中。小娃娃，你现在的修为太低了，等你到了大学境界，才能有力量把我放出来，我也就自由了。小娃娃，你放心，等你把我放出来后，我绝对不会亏待你。跟着我，包你从今往后吃香的，喝辣的。哎呀，小娃娃，你干什么？快住手，快住手！”

叶小凡虽然谨慎、愿意吃苦，但到底是没有遇到过这么离奇的事情。戒指里面封印着这片大陆的最强者，这听起来实在是有些天方夜谭了。

叶小凡心想：“莫不是妖怪？嗯，对了，一定是妖怪！赶紧扔，赶紧扔！”

“这不是真的，我一定是在做梦，妖怪爷爷，你可别来找我啦！”说着，叶小凡扬起他那只白嫩的小手，手心里攥着那枚刚捡来的戒指，就要扔到悬崖下边。

“小娃娃，你快住手啊，我说的是真的，我可不是什么妖怪，我是叶老啊。哎呀呀，我好不容易等来一个人，这么多年都等下来了，你这要是一扔，我又要等到猴年马月才能有希望出来了！”叶老这下真的急了，语气丝毫没有了之前的从容和兴奋，有的只是惊慌和无奈。

“哼，你还嘴硬，还说你不是妖怪，你当我傻啊。大学境界是传说中才有的境界，根本没有人可以修炼到。我们宗门的太上大长老，也不过是高中境界，可即便是这样，他也有只手遮天的能力了，看我不扔了你。”说着，叶小凡又要扔。

“哎呀呀，好了好了，我不说了好不好？对了，小娃娃，你来问我问题啊，在这片大陆上，JavaScript 的功法和心得还没有什么可以问倒我。”叶老都要哭了，真没想到自己好不容易有了重获自由的希望，却马上就要泡汤，能不能不这么刺激呀？

叶小凡听到这话，愣了一下，心想难道这是真的？可转念一想，天知道这个老妖怪在打什么主意，还是扔了好，扬起手又要扔。

“小娃娃，你可知道对象数据类型？”叶老吼道。

1.7 对象数据类型

听到这句话，叶小凡一顿，动作停止了下来。

对象数据类型在《JavaScript基础修炼要诀》中只是提了一下，并没有细讲，它深深地勾起了叶小凡的好奇心。

“小娃娃，相见是缘，既然你感兴趣，我便教你一教。你且听好，在JavaScript中，**数据可分为两类，分别为原生数据类型和对象数据类型**。所谓对象数据类型，是一种复合型的数据类型，它可以把多个数据放到一起，就好像一个篮子，这个篮子里面的每一个数据都可以看作是一个单元，它们都有自己的名字和值。”

叶小凡被叶老的话深深地打动了，立刻聚精会神地听起来。

“现在你相信了，我可还是妖怪？”

叶小凡嘿嘿一笑，重新把戒指戴好。

“小娃娃，你叫什么？”

“叶小凡！”

“嗯，老夫姓叶，你也姓叶，确实有缘。小娃娃，我且问你，你可愿意拜我为师？”

“弟子愿意！”

说完，叶小凡将戒指摘下，放在身前的岩石之上，开始行拜师之礼。叶老虽然没有形体，但是却能看得一清二楚，待所有礼节完毕，叶老这才满意地点了点头。

“很好，小娃娃，你可听好。对象数据类型比原生数据类型强大了不少，原生数据类型，比如数值型、浮点型、布尔型等都只能存放一些直接量，也就是说单一的数据。而对象数据类型却是可以存放一大堆数据的集合，这些数据都有自己的名字，比如……”

忽然，叶小凡心头一亮，感觉有清晰的画面传来。

“我现在没有形体，但是我却可以用意念来给你做演示，小娃娃，你且看好。现在我给你创建一个对象。”

```
var container = {};
```

“创建对象就是用一个大括号吗？”

“这是创建对象的一种方式，也是最常用的方式。创建对象以后，就相当于开辟了一块内存，对象包含若干数据，每个数据都有自己的名字和值。对象好比是一个容器，现在我要在这个容器里面放一个数据，你且看好！”

```
var container = {
    caoyao : "草药"
};
```

“小娃娃，你可看明白了？”

“前辈，您刚才说对象数据类型里面可以放若干数据，那现在它里面是不是已经有了一个数据，数据的名字叫作 caoyao，它的值是字符串类型的草药？”叶小凡两眼放光，回答道。

“嗯，小娃娃，看来你的悟性还可以。在这个例子中，caoyao 叫作键，草药叫作值，它是一种键值对的形式。”叶老哈哈大笑。

“键值对，键值对，一个键对应一个值，一个键和一个值就凑成了一对，键和值中间用冒号。哦，我明白了！”叶小凡恍然大悟，随即又问道：“那么，前辈老爷爷，您刚才不是说对象数据类型里面可以放若干个数据吗？现在里面只有一个，怎么添加第二个呢？”

“嗯，小娃娃，这个问题问得很好。你且听好，**如果你想要在一个对象里面添加新的数据，则只需要添加一个逗号，然后写上新的键值对就行了。**”

```
var container = {
    caoyao : "解毒草",
    feijian: "乌木剑"
};
```

“小娃娃，我现在给你演示的方式是在创建对象的时候立刻在对象里面设置键值对。其实还有其他办法，那就是在对象创建之后，在外面对这个对象的变量进行操作。你且看好，我现在用新的办法改写刚才的例子。”

```
var container = {};
container.caoyao = "解毒草";
container.feijian = "乌木剑";
```

“虽然我不太明白这里面的玄妙，但是我大概猜到了 caoyao 是 container 这个对象的属性，似乎就是把刚才写在“{}”里面的东西又在外面重新写了一次的意思吧。”

“嗯，孺子可教，container.caoyao 中的点(.)就是对象访问属性的意思，正因为 caoyao 是 container 的属性，所以 container 才可以用点(.)。对象包含若干数据，每个数据都是一个键值对，这些数据也叫作对象的属性。那么键值对中的键就是属性名称，键值对中的值就是属性值。”

“我明白了，但是我还有一个疑问，如果对象用点(.)访问一个根本不存在的属性会怎样呢?”叶小凡问道。

“好问题，就比方说刚才的例子，如果我直接访问一个根本不存在的属性 danyao，那么会怎样呢？小娃娃，看好！”

```
var container = {};
container.caoyao = "解毒草";
container. feijian = "乌木剑";
console.log(container.danyao);     //注意:丹药这个属性是不存在的
```

结果是 undefined。

“我明白了，**danyao 这个属性不存在于 container 对象中，因此它是未定义的，得到的结果就是 undefined!**”叶小凡惊呼。

1.8　对象的取值

“小娃娃，我现在问你，如果我不知道对象的某个属性叫什么名字，那么又该怎么访问对象中对应这个属性的值呢？”叶老笑呵呵地问道。

“什么什么，事先都不知道对象的属性名称，怎么可能访问得到啊？这我可不知道，我想这是不可能的。”叶小凡想了想，赶紧摇头。

“这样吧，我换一种说法。我想你现在已经知道对象可以通过一个点号(.)访问其中的某一个数据了。”说着，叶老随手一挥，一个对象就生成出来了。

```
var container = {
    caoyao : "解毒草",
    feijian: "乌木剑"
};
```

“我现在想要得到解毒草，就直接用 container 调用它的 caoyao 属性。”

```
container.caoyao
```

“这样做的确是可以的，但是如果遇到这种情况，即事先不知道调用的属性叫什么名字，那么该如何用一个变量定义属性呢？”说着，叶老又随手一挥，定义了一个变量。

```
var container = {
    caoyao : "解毒草",
    feijian: "乌木剑"
};
var prop = "caoyao";
```

“这……”叶小凡也陷入沉思，过了许久，缓缓说道：“直接点 prop 肯定不行，那样的话，container 调用的肯定是一个叫作 prop 的属性。而事实上，container 对象里面是没有叫作 prop 的属性的，得到的结果肯定是 undefined。”

听到这里，叶老向叶小凡投去了赞赏的目光，继而说道："你的分析没有错，这里不能再用之前的那种方法了。小娃娃，你且看好！"话音刚落，叶老就打出了新的代码。

```
var container = {
    caoyao : "解毒草",
    feijian: "乌木剑"
};
var prop = "caoyao";
console.log(container[prop]);
```

效果如图 1-1 所示。

```
> var container = {
      caoyao : "解毒草" ,
      feijian: "乌木剑"
  };
  var prop = "caoyao";
  console.log(container[prop]);
  解毒草
```

图 1-1　打印结果

"这！"叶小凡惊呼。

看着叶小凡惊讶的样子，叶老似乎有些得意。

"小娃娃，这就是我教你的新技巧，**对象不仅可以用点号(.)访问它的一个属性，也可以用中括号([])。如果用中括号，里面就允许再写一个变量。当然了，写字符串也是可以的。**"

似乎是担心叶小凡理解不了，叶老又补充了一行代码。效果如图 1-2 所示。

```
> console.log(container["caoyao"]);
  解毒草
```

图 1-2　打印结果

过了好一会儿，叶小凡才回味过来，说道："**我明白了，如果事先属性的名称未知，或者调用的属性是动态变化的，就不能使用点号了。使用中括号可以最大程度地提升对象调用属性的灵活度！**"

1.9　循环遍历的奥妙

"小娃娃，我且问你，可否知道循环遍历的法术？"

"循环遍历不就是for循环或者while循环吗，这有何难？"说着，叶小凡就随便打出了一段代码。

```
for(var i=0;i<10;i++){
    console.log(i);
}
```

"嗯，你使用的是for循环。**如果你希望一遍又一遍地运行相同的代码，并且每次的值都不同，那么使用循环是很方便的**。就好像你刚才写的，你想要重复使用console.log输出一个东西，使用for循环的确可行。那你可知while循环？"

叶小凡想了一下，说道："感觉while循环和for循环差不多吧，就是它们在语法上稍微有点区别。"说着，叶小凡随手打出一段代码，将刚才的for循环改写成了while循环。

```
var i = 0;
while(i<10){
    console.log(i);
    i++;
}
```

"i++是自增运算符，表示把当前的变量自增一个单位。而++i和i++是有区别的，前者代表先自增一个单位，再运算；后者相反，表示先运算，再自增一个单位。但是由于这段代码中的i++占单独一行，没有对i进行使用，所以不管是++i还是i++，只要这句话执行完毕，i的值都会自增。"

听到这里，叶老满意地点了点头。

"小娃娃，看来你的基础不错，那你说说while循环和for循环除了语法还有什么区别。

“这……”叶小凡一时语塞。

“小娃娃，你且看好，你方才写的 for 循环中有一个小括号。小括号里面有 3 个表达式，分别为“var i=0”，“i<10”还有“i++”。第 1 个语句是在循环开始之前执行的，“var i=0”的意思是定义了一个变量 i，是整数，初始值为 0。第 2 个语句是“i<10”，表示进入循环体的条件。”

“循环体就是那个用大括号({})扩起来的部分吗？”叶小凡问道。

```
for(var i=0;i<10;i++){
    console.log(i);
}
```

“没错，不论是 for 循环还是 while 循环，循环体就是这个部分，这个部分里面的代码是需要被多次执行的。现在我再给你说说最后一个语句“i++”，这个语句是在刚才我们所说的大括号里面的代码被全部执行之后才会被执行的。一般来说，上面这段语句里面的代码可以控制循环变量 i 自增一个单位或者自减一个单位。”

“自增我知道，无非就是 i++或者++i，为什么要自减呢？”

“关于这个问题，是和第 2 个语句相关联的。比如你刚才写的代码。”说着，叶老指向叶小凡刚才写的代码。

```
for(var i=0;i<10;i++){
    console.log(i);
}
```

“你的循环判断条件是当 i<10 的时候才会进入循环体，也就是后面用大括号扩起来的部分，对吧？”叶老问道。

“没错，最开始的时候 i=0，第一次循环中 i 自然是小于 10 的，于是就进入了循环体，像这样。”说着，叶小凡催动内力，让这段 JavaScript 代码开始执行。

当执行到这一行代码的时候，叶小凡特意让代码停了下来，调试代码。效果如图 1-3 所示。

“嗯，很好，我且问你，现在代码停在了这一行，如果我再往下执行一步，

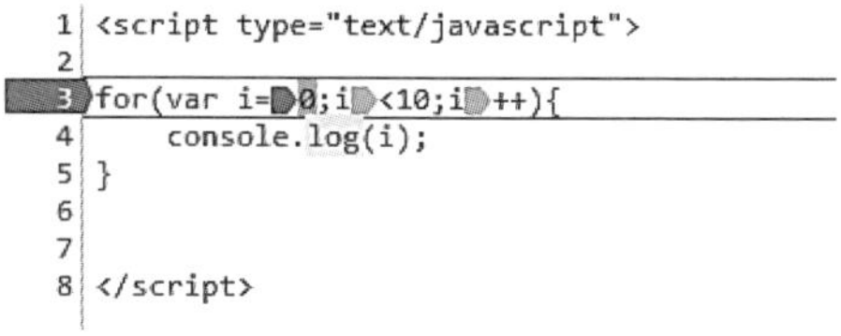

```
1 <script type="text/javascript">
2
3 for(var i=0;i<10;i++){
4     console.log(i);
5 }
6
7
8 </script>
```

图 1-3　调试代码效果图(1)

那么会到第 4 行还是停留在第 3 行呢?”叶老问道。

“那还用问,肯定是跳到第 4 行啦。”叶小凡十分肯定地说道。

“先别着急下结论,走一步试试。”叶老对叶小凡说道。

“试就试。”说着,叶小凡就用 debug 走了一步。效果如图 1-4 所示。

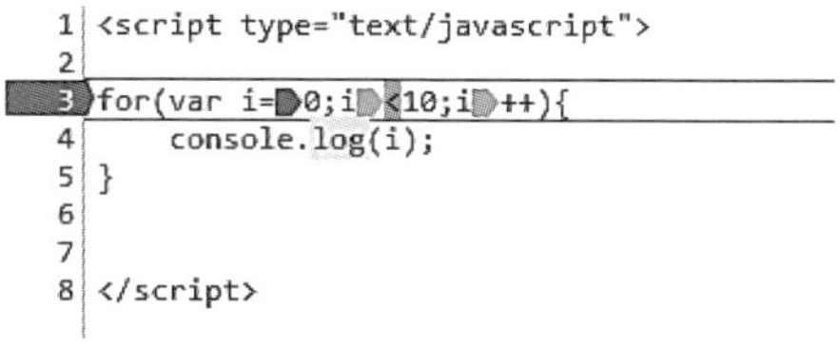

```
1 <script type="text/javascript">
2
3 for(var i=0;i<10;i++){
4     console.log(i);
5 }
6
7
8 </script>
```

图 1-4　调试代码效果图(2)

“这是怎么回事?”叶小凡讶然,同时皱了皱眉。

“你再走一步试试。”叶老笑呵呵地说道。

就这样,叶小凡又走了一步,这才发现走到了第 4 行。经过反复测试,叶小凡紧皱的眉头终于松开了。原来,第一次跳到第 3 行代码的时候,是在准备运行 for 循环的语句 1,也就是“var i＝0”这句话。因此,刚才第一次跳到第 3 行代码的时候,i 变量的值是 undefined(未定义),因为这个时候只声明了 i 变量,还没有运行“i＝0”这个赋值语句,所以是 undefined。而当叶小凡往下再走一步的时候,则是运行了“i＝0”这个赋值语句,这个时候,i 变量的值才如愿以偿地变成了 0,整个语句 1 才算是执行完毕了。为什么再走一步就能够跳转到第 4 行代码呢? 这是因为语句 1 执行完毕后就自然会执行语句 2 了,也就是“i＜10”这句话,这就好比是一个 if 判断。

```
var i = 0;
if(i <10){
```

```
    console.log(i);
}
```

第一次循环的时候，i=0 自然是小于 10 的，因此直接进入了循环体。循环体执行完毕后，开始执行语句 3——“i++”，i 从 0 变成了 1，然后进入第二次循环，再次判断 i 是否小于 10。

听着叶小凡的论述，叶老微微点了点头，说道：“是这样的，那么问题来了，在刚才的例子中，i 从 0 一直自增到 10，当然，它最后会变成 10，但是却无法再次满足 i<10 的判断条件了。所以，当 i=10 的时候，就无法进入循环体了。可是这并没有关系，因为第一次 i=0 是符合条件的，最后一次进入循环体是在 i=9 的时候，像这样。”说完，叶老随手一挥，将这段代码的运行结果显示了出来。效果如图 1-5 所示。

```
0
1
2
3
4
5
6
7
8
9
```

图 1-5　运行结果

“嗯嗯，我明白了，因为 i 变量是从 0 开始的，所以 0～9 还是循环了 10 次。至于刚才说的自减，其实也是一样的，只要改变一下循环条件和初始化变量 i 的值就行了。”

说完，叶小凡修改了一下代码。

```
for(var i=10;i>0;i--){
console.log(i);
}
```

“同样是循环 10 次，这回就是变量 i 从 10 减到 0 的过程了。”叶小凡说道。

“没错，是这样的。**while 循环只是在语法上有所不同，其作用和 for 循环是一样的**。很好，看来你已经掌握了循环的奥妙。”

小结

for 循环是你在创建循环时常会用到的工具。也就是说，如果某一段代码需要多次执行，若不用循环，则需要将相同的代码重复书写多遍。

下面是 for 循环的语法。

```
for (语句 1; 语句 2; 语句 3)
{
    被执行的代码块
}
语句 1 在循环(代码块)开始前执行
语句 2 定义运行循环(代码块)的条件
语句 3 在循环(代码块)已被执行之后执行
```

while 循环会在指定条件为真时循环执行代码块。

下面是 while 循环的语法。

```
while (条件)
{
    需要执行的代码
}
```

1.10　对象内容的遍历

“既然你现在已经知道了如何使用 for 循环，那么现在我就来教你如何用这个技术遍历一个对象。”叶老说道。

“对象里面无非就是属性和函数，你的意思是给我一个对象，想办法获取它里面所有的数据(键值对)吗?”

“没错，假设有这样的一个场景：我需要判断一个对象中哪些东西是属性，哪些东西是函数。这就需要我依次获取这个对象里面的所有东西，然后判断谁是属性、谁是函数。”

“等等，就算拿到了这些东西，怎么才能判断谁是属性、谁是函数啊？我好像还没有这方面的法术。”

“不用担心，这个很简单，你只需要用一个 typcof 关键字就可以了。比如，我现在有一个字符串和一个函数。”说着，叶老写出了如下代码。

```
var a = "123";
var fun = function(){

}
```

“然后，用 typeof 关键字包裹一下，再输出看看。”

```
console.log( typeof(a) );
console.log( typeof(fun) );
```

效果如图 1-6 所示。“看到了吧，这样就可以得到变量的类型了。**a 是一个字符串，所以 typeof 出来就是 string；fun 是一个函数，所以 typeof 出来就是 function**。接下来，我来跟你说说如何遍历一个对象。首先，新建一个简单的 JavaScript 对象。

```
string
function
```

图 1-6 运行结果

```
var yeXiaoFan = {
    name : "叶小凡",
    age : 16 ,
    eat : function(){
        console.log("KFC");
    }
}
```

“然后使用 for 循环进行遍历。”

```
for(var p in yeXiaoFan){
    console.log(p);
}
```

“效果如图 1-7 所示。这个 for 循环和之前的写法是不同的。其中，p 是一个随便取的名称，代表 yeXiaoFan 对象中遍历出来的属性名称。通过这种方法，我可以在事先不清楚对象有哪些属性的情况下把属性的名称都获取到。”叶老缓缓地说道。

```
name
age
eat
```

图 1-7　运行结果

“那么除了属性名称，属性的值也可以得到吗？”叶小凡眨了两下眼睛，好奇地问叶老。

“属性名称都得到了，你还愁没有属性值吗？”叶老一吹胡子，笑呵呵地反问。

“啊，我明白了，**既然有了属性名称，那么对象可以用点(.)的方式直接获取属性的值。当然，用中括号([])也是可以的。**”叶小凡恍然大悟。看到他如此表现，叶老也不禁点了点头。

“没错，是这样的。我们只需要把刚才的代码稍做修改就可以了。”说着，叶老又打出一段代码。

```
var yeXiaoFan = {
    name : "叶小凡",
    age : 16 ,
    eat : function(){
        console.log("KFC");
    }
}

for(var p in yeXiaoFan){
    console.log(p +"=" +yeXiaoFan[p]);
}
```

运行结果如下。

```
name=叶小凡
age=16
eat=function (){
    console.log("KFC");
}
```

“成了,可是你刚才为什么不用点号?”叶小凡嘀咕道,可是转念一想就明白了其中的缘由。**因为遍历出来的属性名称是不确定的,而是用一个 p 变量指代,既然是变量,自然不可以用点号。因为如果写成 yeXiaoFan.p,那么就会被认为是寻找一个名字叫作 p 的属性,然而事实上,p 只不过是一个变量的名称而已。**换句话说,p 随便叫什么都没关系,反正它只是一个变量的名称罢了,**真正重要的不是 p 变量叫什么,而是 p 变量指代的内容是什么。**

“我看到你的表情就明白你已经懂了,没错,你的猜想是正确的。**一旦遇到这种属性名称不确定的情况,就只能用一个变量代替,换句话说,不能用点号,只能用中括号。因此,当对象访问属性的时候,用中括号是更加灵活的。**”

“那么,我是不是应该时刻都用中括号,再也不用点号了?”

“那倒不一定,有些情况,或者说绝大多数情况还是用点号。因为大部分的情况下,你都是已经明确知道属性的名字叫什么了,那么毫无疑问,用点号是更加方便的,你说是吧。”

叶小凡想了一会儿,然后点了点头。

1.11 外门小比

一转眼,大半个月已经过去了,这段时间,叶小凡一有时间就会向叶老讨教相关的 JavaScript 知识。凭借叶老的广博见闻和技术底蕴,自然没有问题。叶小凡也因此受益,这段时间他的功力突飞猛进。

“马上就要到一年一度的外门小比了,听说这次我们要和紫云派的弟子进行外门小比。去年我们险胜了对方,对方一直不服气,据说这次他们是有备而来的,而且培养出了一个天才少年,叫什么简南。”

“紫云派超级新人简南,不会是那个人吧?他年纪轻轻就已经被内定为下一代掌门的候选人,据说紫云派这么多年来就出了这一个资质绝佳的天才。”

叶小凡走在路上,时常听到人们在议论这些事情。

“外门小比似乎有点意思,要是我能够入选去参加比赛就好了,那样也可以给门派争光!”叶小凡想。没想到,青山院下午就收到了通知,要求从新入门的弟子中挑选一位最具天资的人参加即将开始的外门小比。一石激起千层浪，新入门的弟子可不止叶小凡一个人，他们一个个都摩拳擦掌、跃跃欲试。

为了挑选出最为合适的人选，林元青特意在演武场召集了青山院的所有记名弟子，包括叶小凡在内，共计16人。要想获取参赛的名额，就必须在这16人中脱颖而出。

演武场占地约2亩，是每个院定期切磋技艺的地方，16名弟子被安排在一块用大理石砌成的场地上两两相对，即将进行参赛人的角逐。

"我是青山院的林元青，今日，我需要从你们中挑选出一个人参加即将到来的外门小比。比赛采用两两对决的形式，胜利的一方将进入下一场比赛，失败者直接退出。"

这种比赛对于一些来看热闹的大弟子来说并不陌生，反正每年都是这样搞的。前来观赛的还有很多其他院的弟子，他们无非也是想来看看这一届的新人中有没有什么特殊的。

"好吧，比赛开始，第一场的题目：运算符。请每个弟子根据自己的理解详细概述运算符，然后由我评判谁可以晋级。"林元青淡淡地说道，随后就身形一飘，继而稳稳地出现在了裁判席。裁判自然不止林元青一个人，其他几个院的掌尊今天也一并来了。

"什么，运算符？"有些基础不好的弟子听到这个词当即皱起了眉头。

1.12 JavaScript 运算符

题目一出，真是几家欢喜几家愁，那些复习得好的弟子自然可以侃侃而谈，可是那些基础薄弱的弟子立刻尴尬得说不出话来，甚至有的弟子已经举起双手表示要放弃比赛。这些举动立刻引来了场外那些大弟子的哄笑。尤其是其他院的弟子，更是投来睥睨的目光。

林元青见此暗叹一声，却没有特别失落。根据往年的经验，青山院的生源都是最差的，学得好的人更是凤毛麟角。因此，青山院的弟子行走在宗门，也总是要比别人低上一等。

"哈哈，不愧是吊车尾的青山院，今年果然还是老样子，运算符这么简单的东西都能难住这么多人。"

"就是啊，不过是运算符罢了，我看啊，青山院迟早退出内门，成为外门院系吧。"

第一场，是叶小凡和一个同门弟子之间的对决。

"快看，那个叫作叶小凡的据说才入门不久，依我看，运算符虽然简单，可也不是这样一个刚入门的愣头青能够理解的。"

"就是啊，这不，他现在的脸色可真是要多难看有多难看啊，哈哈。"

叶小凡没有理会这些流言蜚语，而是眉头紧锁。倒不是说运算符这么简单的知识他不会，而是因为叶老这个BUG级的老家伙存在，他平时没少给叶小凡灌输一些比较深奥的功法和概念。因此，哪怕只是简简单单的运算符，叶小凡也需要好好思考该如何概述。就在这时，对面传来了一阵傲慢的声音。

"嗨，你就是那个什么叶小凡吧？算你运气不好，碰上了我。我可告诉你，在JavaScript基础功法中，可没有什么功法可以难得住我。所以我劝你早点认输投降吧。我看你对运算符也不是特别熟悉，何必在这丢人现眼呢，哈哈哈！"

叶小凡抬头一看，只见一个和自己年龄相仿的少年已经开始自信地解释起来。

"JavaScript运算符，无非加、减、乘、除和赋值运算，何难之有？**赋值运算符用于给JavaScript变量赋值**。比如我现在有一个变量"var a;"，那么这个变量的值就是undefined，因为没有定义嘛。然后，我当然需要给它赋值咯。赋值的方法就是用"="，把真正的值用"="赋给它，这个就叫作赋值。加、减、乘、除自然不用多说，不就是最简单的算术运算嘛。比如我有两个变量，先用赋值运算符给它们赋值，然后计算加、减、乘、除。这样吧，我写一段代码就全清楚了。"

```
var a = 10;
var b = 2;
var s1 = a +b;
var s2 = a -b;
```

```
var s3 = a * b;
var s4 = a / b;
```

“叶小凡,这段代码你能看得懂吗?我想你也是看不懂的吧。好了,本人就大发慈悲地跟你解释一下。”

林元青注视着这一切,没有多说话,根据演武场的规则,比赛双方切磋技艺时可以互相给对方提问题,然后根据双方的作答情况和问题的质量由评审团打出一定的分数。

“老林啊,看来这个弟子基础还可以啊,而且还很自信啊。想必这应该就是你们院的最高水准了吧。”说话的是绿水院的掌尊尹曾琪,他平时和林元青的关系不太好,常常喜欢冷嘲热讽。林元青笑了笑,并未答话。

“叶小凡,你可听好了,我就说一遍。因为a=10,b=2,所以两者加起来就是12。所以,s1=12错不了。a-b=8,a*b=20,最后是除法,10除以2自然是等于5啦。”

“好,现在轮到我说了。你方才讲得自然不错,但是除了加、减、乘、除,还有3个运算符没有说到。”叶小凡淡淡地说道。

“什么?那你说说还有什么运算符。”对面的弟子急切地说道。

“首先是取余数的运算符‘%’,取余数的意思是一个数字除以另一个数字,除不尽的部分就是余数。比如5除以2,得到的结果就是2.5。当然,0.5是小数,既然要取余数,自然就不能写成小数形式。5除以2,能够被整除的就是2(5=2×2+1),余下来1,因此余数就是1。还有一种情况是小的数字除以大的数字,一个都不能被整除,比如2除以5,那么余数就是2本身。”

“啊,啊,是的,我正想要说呢,还有取余运算符。”

“除了取余运算符,还有自增运算符和自减运算符。自增运算符是++,自减运算符是--。顾名思义,自增和自减运算符可以使得当前的变量自增一个单位或者自减一个单位。这里有一个需要注意的地方:不管是自增运算符还是自减运算符,它们都分为两种,比如下面这个例子。”

```
var a = 10;
var b = a++;
console.log(b);
```

“如果这样写，得到的结果你猜等于几？”

“哼，这有何难，自增代表自增一个单位。既然写了 a＋＋，那么 b 自然就是 11 了，你当我傻啊，问我这么简单的问题。”对面的弟子气呼呼地说道。

“错了，答案是 10。”叶小凡淡淡地说道，并且运功执行了这一段代码，只见得到的结果为 10。

“这，这，怎么可能？”对面的弟子顿时惊呼道。

“对于自增运算符，它分为前置＋＋和后置＋＋。前置＋＋就是在变量的前面写一个“＋＋”，后置＋＋就是在变量的后面写一个“＋＋”，在刚才的例子中，就是后置＋＋。后置＋＋的特点是先让变量参与运算，运算结束以后再进行自增。好，再看一下我刚才举的例子。”

```
var a = 10;
var b = a++;
console.log(b);
```

“尤其注意第 2 句。”叶小凡用手指着第 2 句“var b ＝ a＋＋”说道，“因为“a＋＋”里面的“＋＋”是放在后面的，那么这个是后置＋＋。后置＋＋的意思就是先把 a 原来的值放进式子里面运算，然后自增。也就是说，在这个赋值语句中，赋给变量 b 的值依然是 10，而不是＋＋后的 11。”

“切，这有什么难的，我刚才不过就是一时疏忽罢了。如果我现在把题目改一改，就是 11 了吧。”对面的弟子在听完后感到很不服气，于是大手一挥，把代码改了改。

```
var a = 10;
var b = ++a;
console.log(b);
```

写完后，只见他想了想，终于鼓足勇气说道：“这个就是前置＋＋了，＋＋a 的意思是先让 a 的值自增一次，a 本来是 10，经过自增就变成了 11。因为前置＋＋的含义是先让变量自增，再放进式子里面运算，所以这个代码的结果就是 11。”

说完，对面的弟子开始运功，将代码执行了一遍。果不其然，得到的结果是11。

“自然是这样的，但是我现在这样改一下，你说结果是多少呢?”叶小凡诡异地笑了笑，然后打出一段比较奇特的代码。

```
var a = 1;
var b;
var sum = (b = a+++--a)  +  a--  +  b++;
```

“噗!”看到这段代码，对面弟子差点一口老血喷出来，破口大骂：“叶小凡，你……你……你欺人太甚!”

“呵呵，这位师兄，这可怨不了我，再说了，互相切磋技艺也是演武场的规矩啊。”叶小凡回想起这段被叶老折磨的日子，再看到面前这位弟子的表情，顿时开心了不少。其实这道题目就是平时叶老给叶小凡做练习的时候出的。

“这个小娃娃倒是有趣。”绿水院掌尊尹曾琪看到叶小凡竟然能出这样的题，纵然是他也眼前一亮，不由称赞道。当然，以他目前的修为，这种题目自然是难不住他的。但是很难想象，一个刚刚进入山门的小娃娃竟然有如此造诣，实在是让人惊讶。

“这道题看似复杂，其实只要一步一步拆分，也是可以分析和理解得很透彻的。”林元青微微一笑，看着叶小凡的目光中多了几分期待。毕竟，叶小凡是他亲自带上山来的，他多少有一点印象，而且他也很想看看，叶小凡如何解答这道题。

“天哪，这种题目也太匪夷所思了吧。这个叶小凡真是不知道天有多高，地有多厚。”

“就是，就是，依我看呐，这根本就是那个叶小凡随便瞎掰的一道题，我看他自己多半也做不出来。”

“哈哈，师兄说的是啊，就让我们一起看看他如何出糗吧。”

场外有很多资历比叶小凡高出不少的大弟子，他们刚才试着算了一下，但是马上就自行放弃了，纷纷向叶小凡投来鄙夷的目光。但是，其中有一道目光却充满了严肃，这个人是一个和叶小凡年龄相仿的少年，旁边有几个功力深厚的年轻人跟随着他。这时候，一个长相略显老气的人对该少年说道：

“少爷,您是当今太上大长老最喜爱的长孙,资质和天赋也是我派数百年来的翘楚。依属下看,这个叶小凡真是不知天高地厚,多半是随便糊弄了一下,自己都不知道这道题怎么解。”

只见少年把手一扬,那名男子立刻不说话了。接着,他饶有兴趣地看着叶小凡,这人便是门派内定的继承人,门派中太上大长老最喜欢的长孙——罗丹。

1.13 语惊四座

“叶小凡,现在你把这道题解释一下吧。”林元青看向叶小凡,稳重但不失威严地说道。

“是。”叶小凡面朝着林元青作揖,然后抬起胸脯,缓缓道来。

“这道题看似复杂,但只要一步一步细细分开,还是有迹可循的。”

```
var a = 1;
var b;
var sum = (b = a+++--a)  +  a--  +  b++;
```

“首先,变量 b 只是被定义了一下,并没有赋值,在运行第 3 行代码之前,b 的值就是 undefined,表示未定义。”

“嗯,继续说。”

“弟子遵命,接下来就是第 3 行代码。这一行代码比较长,我试着把它拆分出来。首先是这一句。”

```
b = a+++--a;
```

“很明显,这是一个赋值语句,a++是后置++,那么就先把 a 的值放进去运算。这个时候,a 的值还是 1。但是,一旦 a++结束,a 的值就变为 2 了。换句话说,当执行到后面的--a 的时候,a 的值就是 2。”

“重点来了,又因为--a 是前置--,意思就是先自减,然后放进式子中运算。刚才我们说到 a 的值已经是 2 了,那么--a 在这里就变回了 1。因此，这个表达式中，b最终的值就是1+1=2。"

"我这边使用括号是为了让变量b的赋值语句先进行运算。所以，b的值在后面参与运算的时候就已经是2了。刚才a最后的值是1，那么后面的a--因为是后置--，参与运算的值还是1。因此，"(b=a++ + --a)+a--"的结果就是3，a--过后变成了0，不过后面和a没有啥关系了。最后一个是b++，由于是后置++，所以b变量参与运算的值还是2。那么，最终的答案当然就是3+2=5啦。"叶小凡轻松地说着，似乎根本不觉得这是什么困难的事情。

寂静，一片寂静。

就连对面的弟子也听得津津有味，场外的一众大弟子个个屏住了呼吸，看着叶小凡，似乎自己还真的小瞧了这个刚进山门的小师弟。罗丹双眼死死地盯住叶小凡，脸色出现了从未有过的凝重。

"嗯，不错，你理解得很好。"林元青不吝称赞，一种欣慰的感觉油然而生。

第一场比拼，自然是叶小凡获胜。

1.14　秀

第一场比拼，叶小凡赢得非常漂亮，这难免遭到了场外一些大弟子的嫉妒。

"哼，不过才赢了第一场，有什么好神气的。"

"就是啊，不管怎么说，运算符毕竟还是比较基础的功夫。我看呐，这个叶小凡只是运气好，正好对这一块比较熟悉罢了。"

第一场比拼结束，16进8，叶小凡成功晋级。第二场的题目是一道计算题：用JavaScript计算1+2+…+100的值。就在对面的弟子还在埋头苦算的时候，叶小凡已经完成了代码。

```
var sum = 0;
for(var i = 1;i <101;i++){
    sum = sum +i;
}
console.log(sum);
```

在对手震惊的目光中，叶小凡不慌不忙地开始解释。

“计算1+2+…+100的值，一个一个地加肯定不行，太慢了，效率太低。因此我想到了使用循环。for循环是一个不错的选择。for循环的格式是小括号里面有3个表达式，当需要进行for循环的时候，就先执行表达式1，也就是‘var i=1’。然后执行表达式2，即‘i<101’。表达式2是一个判断条件，和if语句判断有异曲同工之处。当表达式2的结果为布尔型的true时，就认为符合进入循环的条件，于是接下来就会执行‘{}’中的内容。”

```
sum = sum +i;
```

“在‘{}’里面是一个累加操作，把每次循环的i加到变量sum上去。当执行完这些代码后，才会执行表达式3，也就是‘i++’，这句话的意义是让i变量自增一个单位，好让i一直慢慢变大，直到不符合进入循环的条件为止。”

听到这里，林元青微微点了点头。叶小凡继续说道：“我想这道题的考核要点就是对循环的了解程度。其实，这样一道题目也可以用while循环解决。”说着，叶小凡又重新打了一段代码。

```
var sum = 0;
var i = 0;
while(i <101){
    sum += i;
    i++;
}
console.log(sum);
```

“while循环和for循环的不同之处在于while循环只有一个判断表达式，就好比刚才for循环中的表达式2。至于for循环的表达式3，while循环已经放到‘{}’中了，表达式1则放到while循环之前了。”说完，叶小凡又写了起来，过程没有滞缓，犹如行云流水，好像已经烂熟于心似的。

```
var sum = 0;
var i = 0;
for(;i <101;){
    sum += i;
```

```
    i++;
}
console.log(sum);
```

“嗯，做得不错，这一场比拼自然还是叶小凡胜了。”林元青宣布比赛结果。

“啥？又赢了，这也太轻松了吧。”叶小凡心中暗惊，也难怪，叶小凡平时都是在叶老的指点下修炼，这种难度的题目实在是有点小儿科了。

叶小凡二连胜，8进4！

1.15　天秀

下一题的内容是JavaScript数组，比赛双方需要说出自己对于数组的理解，最后由掌尊林元青判断谁可以胜出。听到这个题目，叶小凡差点笑出了声，关于数组，他自己都不知道已经和叶老那个老怪“交流”多少回了。虽然不知道自己对于数组的掌握有多深，但是叶小凡依然有着十足的信心。于是，就在对手还在冥思苦想的时候，叶小凡已经滔滔不绝地讲述了起来。

“在JavaScript中，数组是一个非常灵活的类型。**简单来说，数组就是一个容器，可以存放一个或者多个对象**。当然，**这些对象的类型是没有限制的**，不管它是什么，数组都可以存放。”叶小凡非常淡定地说道，中间没有丝毫停顿，好像这些话早已融入他的灵魂深处一样。

“呵！说得好像你很懂似的，姓叶的，你倒是先说说数组该怎么创建吧！”对面的弟子不屑一顾地说道。对于数组，他虽然不敢说非常精通，但是多少有点了解。更关键的是，他自己可是比叶小凡早入门许久，当然不认为自己会比叶小凡这个新人差，他已经准备好了，计划随时打断叶小凡的讲述。

“数组有4种定义方式。”叶小凡随即讲道。

“什么，4种？笑死人了，我倒还是第一次听说，数组不就是用一对中括号就可以定义了吗，哪来的4种？”对面的弟子不屑地笑了笑。

“你说的是用直接量定义数组。”叶小凡继续说道，“**所谓直接量定义，就是用一对中括号声明一个数组对象**，就像这样。”

```
var arr = ["first", "second", "third"];
console.log(arr);
```

“得到的结果就是生成了一个拥有3个元素的数组对象，对象的名字是arr。这种方法的好处是在定义数组的时候可以直接对这个数组进行初始化。除了这种方法，还有其他三种方法，我先来说第二种。”说着，叶小凡就打出了一句代码。

```
var a = new Array();
```

“这是采用构造函数的方式创建的一个数组对象，**在JavaScript中，每个类型其实都有一个函数作为支撑**，数组也不例外。在这个例子中，Array也叫作构造函数。与第二种方法类似，还有两种方法也是采用构造函数创建一个数组对象的。”

```
var b = new Array(8);
var c = new Array("first", "second", "third");
```

“这三种方式有着各自的特点，第一种是直接用构造函数创建一个空的数组，也就是说，这个数组里面什么都没有。数组天生就拥有一个length属性，我可以让这个a变量调用自身的length属性以验证这一点。”

```
var a = new Array();
console.log(a.length);
```

代码运行后，众人看得清清楚楚，结果是一个“0”。

“相信各位也看到了，这段代码的结果是一个0，表示当前的数组对象里面啥也没有。接下来看第二种方式。”

```
var b = new Array(8);
```

“这种方式和刚才那种方式的不同点就在于，它虽然也是创建一个数组，但是却在创建的同时设置了一个初始的长度，大家看，Array是一个函数，new关键字表示创建这个函数所表示的对象，因为是函数，所以自然是可以打括号的。**没错，函数可以打括号，打括号的意思是执行这个函数的函数体。**函数是有参数的，这个'8'就是参数。在这个例子中，'8'表示给数组对象添加一个初始化的长度，我依然可以用数组的 length 属性验证这一点。"说着，叶小凡继续打出代码。

```
var b = new Array(8);
console.log(b.length);
```

代码运行后，众人看得清清楚楚，结果是一个"8"。

"相信各位也看到了，这段代码的结果是'8'，表示当前的数组对象里面已经有 8 个元素了。那么问题来了，我并没有给这个数组添加任何东西，最起码看起来没有。那么，这 8 个元素到底是什么呢？这个待会再说，先看最后一种方式。"

```
var c = new Array("first", "second", "third");
```

"这种方式在创建数组对象的同时就给它赋予了初值。简单来说，就是在创建数组的时候给它添加了 3 个元素。正因为如此，这个数组当前的 length 属性已经有值了，而且就是其里面元素的个数——3。"

```
var c = new Array("first", "second", "third");
console.log(c.length);
```

代码运行后，众人看得清清楚楚，结果是一个"3"。

"什么，叶小凡，你竟然连函数都知道了！"对面的弟子瞪大了眼睛，一脸的难以置信，要知道，在 JavaScript 初级阶段，函数可是一门了不起的法术！虽然也有一些悟性好的弟子提前对函数有了一知半解，但是大部分初级弟子都是无法驾驭函数的。

"还是继续讲讲数组吧，刚才我说了创建数组的 4 种方式，第一种是用直接量创建数组，剩下的 3 种都是用构造函数创建数组。其实用起来的话，还是第一种方式最好用，它是最简单的一种方式。"

"嗯，说得好，关于数组的创建，叶小凡说得算是比较通透了。"林元青也满意地点了点头，场外的弟子又是一阵喧嚣。

“刚才你还说到数组的 length 属性，那是什么？”对面的弟子收起了对叶小凡的轻视，皱着眉头问道。

“哦，你说的是 length 属性，数组只有一个属性，就是 length。length 表示数组所占内存空间的数目，而不仅仅是数组中元素的个数。比如，我可以定义一个长度为 8 的数组，但其里面却只有一个元素，就好像下面的代码。”

```
var b = new Array(8);
```

“变量 b 指向一个数组，这个数组所占的内存空间为 8 个单位，也就是说，有 8 个位置可以让这个数组存放其他元素。虽然我现在还没有给这个数组添加任何元素，但是并不代表这个数组没有长度，而这个长度就是数组的 length 属性。”

“那这个数组内部到底有什么？”

“这个数组的内部就是 8 个空元素，没有东西，但是占据了内存空间。”说着，叶小凡打出一段代码进行验证。

```
var b = new Array(8);
console.log(b);
```

代码运行后，众人看得清清楚楚，结果是[<8 empty items>]。

“原来如此。”对面的弟子也佩服起叶小凡来。

“数组作为一个对象，有着很多内置的方法，接下来就说说那些有趣的方法吧。”

1.16 数组方法

“首先是 push 方法，它可以把一个元素添加到数组里面。把数组想象成一个长长的盒子，我如果想要给数组添加新的元素，就可以用这个方法。”说着，叶小凡打出一段代码。

```
var b = new Array(8);
b.push("苹果");
```

```
b.push("香蕉");
b.push("牛油果");
console.log(b);
```

运行结果如图 1-8 所示。

```
▼(11) [empty × 8, "苹果", "香蕉", "牛油果"]
   8: "苹果"
   9: "香蕉"
   10: "牛油果"
   length: 11
```

图 1-8　运行结果

“如果直接用 push 方法，那么元素就会被添加到数组的尾部，而且原来的 8 个位置无法占用，会直接跟在后面。”

“怎么会这样？那前面的 8 个位置难道就没有用了吗？这样岂不是很浪费？”对面的弟子大感不解。

“用 push 方法确实没有办法做到，但是要想利用前面 8 个位置，还是有办法的，那就是用数组本身写一个数据，比如这样。”说着，叶小凡打出了一段代码。

```
var b = new Array(8);
b.push("苹果");
b.push("香蕉");
b.push("牛油果");
b[0] = "黄瓜";
console.log(b);
```

运行结果如图 1-9 所示。

```
▼(11) ["黄瓜", empty × 7, "苹果", "香蕉", "牛油
 果"]
   0: "黄瓜"
   8: "苹果"
   9: "香蕉"
   10: "牛油果"
   length: 11
```

图 1-9　运行结果

“大家请看，数组本身有写数据的能力，只要给数组变量加上一对中括号，然后在中括号里面写上对应的下标位置，就可以给对应的内存空间塞入数据啦。”

“当然，如果我要修改某一个位置的数据，也可以用同样的方法。”说着，叶小凡打出了一段代码。

```
var b = new Array(8);
b.push("苹果");
b.push("香蕉");
b.push("牛油果");
b[0] = "黄瓜";
b[0] = "西瓜";
console.log(b);
```

运行结果如图 1-10 所示。

```
▼(11) ["西瓜", empty × 7, "苹果", "香蕉", "牛油
 果"]
   0: "西瓜"
   8: "苹果"
   9: "香蕉"
   10: "牛油果"
   length: 11
```

图 1-10 运行结果

“像这样，在下标位置相同的地方重复赋值，就可以修改数组元素啦。”

“那怎么才能删除数组中的某一个数据呢？”对面的弟子又问道。

“删除数据需要用到数组的 splice 方法或者 pop 方法。”叶小凡想了一会，坚定地说道，“先说 pop 方法，这个方法可以删除数组尾端的元素。”说着，叶小凡打出了一段代码。

```
var b = new Array(8);
b.push("苹果");
b.push("香蕉");
b.push("牛油果");
b[0] = "黄瓜";
```

```
b[0] = "西瓜";
b.pop();        //删除最末尾的那个元素
console.log(b);
```

运行结果如图 1-11 所示。

```
▼ (10) ["西瓜", empty × 7, "苹果", "香蕉"]
    0: "西瓜"
    8: "苹果"
    9: "香蕉"
    length: 10
```

图 1-11　运行结果

"很显然,刚才数组的最后一个位置的元素是'牛油果',但是现在已经没有了。pop 方法会默认删除数组中的最后一个元素。可以这么认为,**先进入数组的后删除,后进入数组的先删除**。刚才我说到,删除数组元素的方法有两种,pop 方法只是其中一种,还有第二种,就是 splice 方法。**splice 方法的作用是插入、删除或者替换数组元素**,它不仅会在原有的数组上进行修改,还会返回被处理的内容,因此这是一个功能强大但不容易使用的方法。**splice 方法用前两个参数进行定位,余下的参数表示插入部分。**"

"什么叫用前两个参数进行定位?"

"比如我现在有一个数组[1,2,3,4,5],splice 方法的第一个参数代表需要操作的数组的起始位置,比如你要删除数组中的某一个元素,那么你必须确定从数组中第几个元素开始删除,因为数组的下标位置默认从 0 开始,所以假如要删除数字 3,就需要从数组下标为 2 的地方开始删除。然后,splice 方法的第二个参数代表要删除元素的个数,如果我只删除一个数字 3,那么只需要在第二个参数的位置填入 1 即可。"说着,叶小凡打出了一段代码。

```
var a = [1,2,3,4,5];
a.splice(2,1);
console.log(a);
```

运行结果为[1, 2, 4, 5]。

“如果我要删除 3 和 4 两个数字，则需要把第二个参数替换成 2 就可以啦。”

```
var a = [1,2,3,4,5];
a.splice(2,2);
console.log(a);
```

结果为[1, 2, 5]。

“那如果要把数字 3 替换成数字 38，并且再在 38 的后面加一个元素 66，又该咋办?”对面的弟子又问道。

“那也简单，我刚才说了，splice 方法用前两个参数进行定位，余下的参数表示插入部分。要把 3 替换成 38，思路就是先把 3 删掉，然后在后面加上一个 38 就可以了。如果后面还要加 66，则再多写一个参数 66。”说着，叶小凡打出了一段代码。

```
var a = [1,2,3,4,5];
a.splice(2,1,38,66);
console.log(a);
```

运行结果为[1, 2, 38, 66, 4, 5]。

全场寂静，谁都难以想象，叶小凡不过是一个新人，竟然能够对数组有这么高深的理解，这掌握得岂止是全面了?

过了好一会儿，对面的弟子似乎不甘心，又问：“我以前见过有的师兄把数组转换成了一种字符串，你会吗?”

“你说的是数组的 join 方法吧，join 方法可以把数组中的所有元素放入一个字符串。元素是通过指定的分隔符进行分隔的，而这指定的分隔符就是 join 方法的参数。比如，我可以把数组里面的所有元素转换为用逗号分隔的字符串。”说着，叶小凡打出了一段代码。

```
var arr = [1,2,3];
var str = arr.join(",");
console.log(arr);
```

运行结果：1,2,3。

正当叶小凡还要介绍数组的其他方法时，林元青淡淡地说了一句："可以了，这一局，叶小凡胜！"

叶小凡三局连胜，进入决赛！

1.17　蒂花之秀

叶小凡甚至都没有出力，就已经轻松进入了决赛，能进入决赛的对面弟子，自然也是有着惊人的天赋和能力，但是这一切对拥有叶老指点的叶小凡来说，实在是不值得一提。

"现在进入决赛，题目是：函数！"林元青严肃地宣布了决赛题目。

"什么？竟然是函数！天哪，这不是 JavaScript 中比较高级的技术吗？真没想到，最后一题是函数啊！"

"是啊，不要说这帮新人，就算是已经在门派中历练了好几年的弟子，也不敢说可以轻而易举地驾驭函数啊！"

场外的大弟子们纷纷唏嘘。的确，函数对于新人来说确实有点难了，这一点是公认的。其实林元青也没指望这帮孩子能够对函数有多么深刻的理解，只是想看看有没有人知道函数这个概念，若是能够自己编写一个或者两个函数，那自然是再好不过了。

"老林啊，你这题可是有点难为人啦。"尹曾琪笑着对林元青说。

对面的弟子看着叶小凡，抢先开口："函数是一组可以被重复调用的代码语句，格式是这样的。"说着，只见他打出了一段代码。

```
function test(){
    alert("函数被调用了！");
}
```

"我刚才定义了一个函数，**函数的定义需要用到 function 关键字，然后空一格，再加上函数的名字**。刚才的代码中，函数的名字就是 test，叶小凡，想必你也看到了在 test 函数的右边我还打了一个小括号，这个小括号里面是用来放参数的。也就是说，函数里面如果需要用到一些从外面传进来的数据，就可以通过参数变量做传递。最后就是函数体了，用大括号扩起来的部分就是函数的函数体。**在函数体中可以编写多条 JavaScript 代码**，当然，因为只是举一个例子，所以我的函数里面只写了一个最基本的 alert 语句，只会弹出一个窗口罢了。接下来，我需要调用函数。”

对面的弟子发力，又打出了一段代码。

```
function test(){
    alert("函数被调用了！");
}
test();
```

代码成功运行，众人看得真切！

“哈哈哈，叶小凡，看到了吧，这就是函数调用，**函数的调用方法就是在函数名称右边加一个小括号，表示要去执行函数的函数体了**。我刚才编写的函数里面只有一个 alert 语句，那么调用这个函数的效果就是执行 alert 语句。”

“叶小凡，你认输吧！能够被我打败，也算是你的荣幸了！”对面的弟子笑呵呵地对叶小凡说道。

叶小凡听到后，只是微微一笑，不急不躁地来了一句：“很好，接下来轮到我说了。首先，函数分为七重关！”

全场一片寂静。

1.18 函数七重关之一（函数定义）

“这小娃娃真是好大的口气，一口气说函数有七重关，老夫要好好品鉴一番。”尹曾琪目露精光，口气中带着一丝嘲讽，却也有一丝好奇。

林元青也被叶小凡的话吓了一跳，全场更是炸开了锅。

“这个叶小凡，说话还真是狂妄，什么函数七重关，我倒要看看他能够说出个什么来！”

罗丹面色凝重，眼睛更是一下不眨地盯着叶小凡。叶小凡也愣了一下，这实在是怨不得叶小凡，这函数七重关，可是叶老亲自教导自己的。在平时和叶老的交流中，叶小凡也早已习惯把“函数七重关”挂在嘴边。谁知道，自己把“函数七重关”一讲，会引起这么大的轰动！

“好，叶小凡，你就说说，你所谓的‘函数七重关’究竟是什么吧。”林元青也微笑着摇了摇头，对叶小凡说道。

“是，弟子遵命。函数七重关的第一重关，自然指的是函数的定义。”叶小凡小声说道。

“函数的定义需要用到function关键字，定义函数的语法方才这位师兄已经讲过了，我不再赘述。只是需要提一下，除了刚才那位师兄提到的定义函数的方法，其实还有另一种方法。”说着，叶小凡随手打出了一段代码。

```
//定义函数
function myFunction(){
    //函数体
    document.write("This is My First Function!<br>");


}
```

“这是第一种定义函数的方法，也是最常用的方法。哦，对了，里面的document.write方法表示用JavaScript向页面输出一段话。接下来，我再讲讲第二种方法。”说着，叶小凡又随手打出了一段代码。

```
var a = function(){
    document.write("This is My Second Function!");
}
```

“这便是第二种定义函数的方法了，和第一种方法有所不同，第二种定义函数的方法需要先定义一个变量，比如‘var a’，然后还是用function关键字定义一个函数，再把这个函数赋值给变量a。因为最后要赋值给变量a，因此这里在定义函数的时候就不需要加上函数的名字了，这就是其中的一个区别。用这种方法定义出来的函数，函数的名字就是变量的名字，也就是说，我要想调用这个函数，就要这样做。”

```
a();
```

“哗众取宠，这两种方法在本质上没什么区别，不都是一样吗？”对面的弟子对叶小凡的讲解嗤之以鼻。

“这自然是有区别的，刚才我讲了第一个区别，现在说第二个区别。第二个区别就体现在函数的调用上。”说着，叶小凡又随手打出了一段代码。

```
a();

var a = function(){
    document.write("This is My Second Function!");
}
```

“这位师兄，你说我这段代码可以成功调用函数 a 吗？”

“你这不废话吗，当然可以了！”

“好，那师兄请看。”叶小凡开始执行代码。

```
Uncaught TypeError: a is not a function
```

众人看得真切，代码居然直接报错了！对面的弟子瞬间不说话了，场面一度有点尴尬。

“如果是用第一种方法定义的函数，把调用语句放在前面，则可以成功调用。”

```
myFunction();

//定义函数
function myFunction(){

    //函数体
    document.write("This is My First Function!<br>");

}
```

代码运行后，成功在页面上打印出：This is My First Function!

众人一下子又炸开了锅，有的大弟子一脸的难以置信。就连尹曾琪也对叶小凡稍显关注，场外的罗丹面色则更加凝重。

"导致这种情况的原因是，如果是用第一种方法定义的函数，它会被提前加载，因此调用语句可以写在函数的定义之前，因为那个时候函数已经被加载完毕了。**而用第二种方式定义的函数是不会被提前加载的**。换句话说，必须要执行到函数定义的语句才会加载这个函数，正因为这个道理，刚才的代码才会直接报错。因为在调用 a 函数的时候，a 函数还没有加载，强行调用一个不存在的函数自然是不被允许的！"

"接下来，我再举一个例子说明这个情况吧。"说着，叶小凡又随手打出了一段代码。

```
console.log(a);
var a = function(){
    alert("函数被调用了!");
}
console.log(a);
```

代码运行后的结果一如叶小凡所言，第一个 a 打印出来是 undefined，表示未定义。第二个 a 打印出来就是具体的函数了，说明这个时候函数 a 已经被加载完毕！

"我有问题，为什么第一个 a 打印出来是 undefined，而不是直接报错呢？"对面的弟子疑惑地问道，接着他又侃侃而谈："我之前遇到过这种情况，就是引用一个从来没有被定义过的变量，得到的结果是直接报错的！比如这个。"

```
console.log(apple);
```

```
ReferenceError: apple is not defined
```

"看吧，这样写的话就直接报错了，因为我从来没有在任何地方定义过一个 apple 变量。你刚才调用了一个还未被加载的函数，为什么会打印出 undefined 而不是报错呢？"

"是啊，这是为什么呢？看看叶小凡怎么说。"场外又窃窃私语起来。

"你混淆了概念，**函数有没有被加载与变量有没有被定义是不同的事情，**

不要放在一起谈论。就比如说我刚才打的代码。”

```
console.log(a);
var a = function(){
    alert("函数被调用了!");
}
console.log(a);
```

“注意看,函数有没有被加载,可以看成 function 有没有被赋值给变量 a。从代码上来看,自然是没有的。因为‘console.log’语句是写在‘var a = function(){’的前面啊,也就是说,当调用变量 a 的时候,变量 a 并没有被赋值。但是不管变量 a 有没有被赋予一个 funciton 函数,我就问你一个问题,a 有没有定义?”

“额,这个,定义是定义了,可是它并没有被运行到啊!”对面的弟子一脸的不服气。

“这就要说到 JavaScript 代码的运行机制了。”叶小凡淡淡地说道,丝毫没有慌乱,因为在叶老给他灌输函数七重关的时候,他也有过一样的疑问。

1.19 JavaScript 编译原理

“谈到 Javascript 代码的运行机制,那可就说来话长了。”叶小凡学着长辈的口气,一脸欠揍的表情。

就连林元青都有些看不下去了,笑着说道:“那你就长话短说吧!”

“是,弟子遵命。先来看一个最简单的例子。”说着,叶小凡随手就打出了一段代码。

```
var a = 10;
```

“叶小凡,你这是在逗我吗,这么简单的代码谁看不懂?”对面的弟子感到有些不耐烦。

“师兄,你先别急,没错,这无非就是一个简单的定义语句,可是你知道它内部的原理吗？**JavaScript代码在运行之前会经过一个编译的过程，而编译有三个步骤**。”叶小凡不紧不慢地说道。

“哦，小娃娃，你可好好说说是哪三个步骤？”尹曾琪也来了兴趣，因为身为掌尊的他也是头一次听到这个说法。

“**第一个步骤是分词**，JavaScript代码其实就是由一句句话组成的，分词的目的是把这些代码分解为一个个有意义的代码块。比如刚才的例子，如果经过分词的步骤，那么得到的结果就是‘var、a、=、2、;’。”

“**第二个步骤是解析**，由JavaScript编译器对刚才分词得到的一个个代码块进行解析，生成一棵抽象的语法树（AST）。简单来说，JavaScript代码是没有办法直接运行的，要想运行JavaScript代码，就需要通过JavaScript编译器对其进行编译，只有编译之后的代码才可以被识别，然后通过JavaScript引擎执行代码逻辑。但是，由于JavaScript这门编程语言的特殊性，其编译的过程一般就在代码执行前的几微秒甚至更短的时间之内。所以直观地看，编译和运行是同时发生的，或者说我们根本感觉不到编译的存在。就比如刚才的例子。‘var a=10;’的编译过程实在是太短了，我们根本就感觉不到编译的存在。但其实JavaScript引擎早在我们运行这段代码的时候就已经完成了编译，然后立刻做好了要执行代码的准备。”

“那你说的抽象语法树是什么啊？”

“抽象语法树定义了代码本身，通过操作这棵树可以精准地定位到赋值语句、声明语句和运算语句。”叶小凡不紧不慢地说道。

“再来说说刚才的代码，很明显，这是一个赋值语句，当然，这也是一个定义的语句。我们通过JavaScript的解析器把它解析为一棵抽象树。”

效果如图1-12所示。

```
▼ Program body [1]
  ▸ VariableDeclaration
```

图1-12 抽象树

“让我们一个一个来看，首先是最顶层的大节点，也就是这棵树的顶端，上面清清楚楚地写着Program body，代表我们写的代码是一个程序。然后看这个程序里面的第一个也是唯一的一个子节点，上面清清楚楚地写着VariableDeclaration，意思就是变量声明。哦，这就很明白了，‘var a = 10;’这句话是一个程序，程序的目的是进行一个变量的声明。现在，让我们展开这个子节点，看看里面还有什么玄奥。”

效果如图 1-13 所示。

“在 VariableDeclaration 节点中包含两个子节点，一个是 declarations[1]，另一个是 kind。declarations[1]是声明数组，中括号里面写了一个 1，表示这个语句只声明了一个变量。kind 代表种类，表示用 var 关键字声明一个变量，我想到这一步，应该没有什么问题吧。”

效果如图 1-14 所示。

```
▼ Program body [1]
  ▼ VariableDeclaration
    ▶ declarations [1]
      kind: var
```

图 1-13　展开子节点(1)

```
▼ Program body [1]
  ▼ VariableDeclaration
    ▼ declarations [1]
      ▶ VariableDeclarator
      kind: var
```

图 1-14　展开子节点(2)

“继续展开 declarations[1]节点，发现有一个 VariableDeclarator 节点，它也表示变量声明，正因为上一个父节点是 declarations[1]，‘[1]’表示里面只有一个声明，因此展开后里面也只有一个子节点。”

效果如图 1-15 所示。

“好，终于看到变量声明的具体信息了，可以看到里面分为 id 和 init 两个子节点，id 代表变量名，identifier 是标识符，代表我们的变量名，也就是 a。init 表示变量的初始化操作，从语句上也能看出，它是将 10 赋给变量 a。”

“如果我把代码换一下，不把 10 赋值给 a，看看会怎样?”叶小凡嘿嘿一笑，卖了个关子，随后又打出一段代码，并且用 JavaScript Parser 解释了一下。

效果如图 1-16 所示。

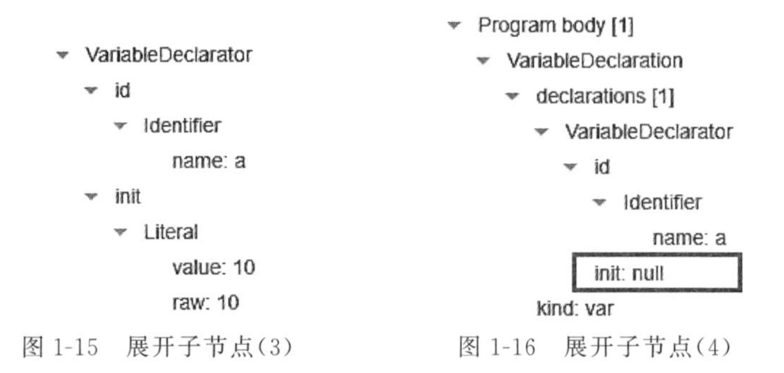

图 1-15　展开子节点(3)　　图 1-16　展开子节点(4)

“如果没有给变量a赋值，那么JavaScript的解释器也会给变量a赋一个初始值，null代表空。注意：这里的null不要理解为JavaScript里面的数据类型null，而是语义上的空。实际上，在代码执行的时候，变量a的值是undefined。接下来，我们看看如果输出一个变量a会发生什么。”

```
var a;
console.log(a);
```

效果如图1-17所示。

“现在和刚才不同，代码中多了一个console.log输出语句。在生成的抽象语法树上，又结出了一个新的果实——ExpressionStatement（表达式语句）。表达式语句就是普遍意义上的一行JavaScript代码。console是一个内置对象，log是console对象的一个方法，变量a作为参数传入了log方法。总体来说，这就是一个函数的调用语句。下面我们来看看这个表达式语句的抽象语法树。”

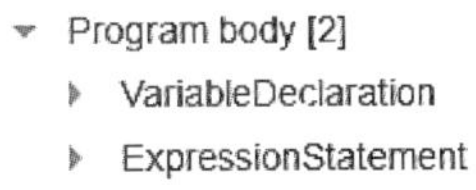

```
▾ Program body [2]
    ▸ VariableDeclaration
    ▸ ExpressionStatement
```

图1-17 展开子节点(5)

```
▾ ExpressionStatement
    ▾ expression
        ▾ CallExpression   函数调用表达式
            ▾ callee
                ▾ MemberExpression
                    computed: false
                    ▾ object
                        ▾ Identifier
                            name: console   对象名称
                    ▾ property
                        ▾ Identifier
                            name: log   方法（函数）名称
            ▾ arguments [1]
                ▾ Identifier
                    name: a   参数传递
```

图1-18 抽象语法树

效果如图1-18所示。

“接下来讲最后一个步骤，就是**代码生成**。在这个过程中，JavaScript引擎会把在第二个步骤中生成的抽象语法树进行转换，转换成什么呢？没错，就是可执行的代码。也许最终生成出来的就是一些机器指令，创建了一个叫作 a 的变量并放在变量区，然后分配一些内存以存放这个变量，最后将数字 10 存储在了变量 a 所在的地方。”

小提示：抽象语法树的创建可以在网站 **http://esprima.org/demo/parse.html** 上自行调试和验证。

1.20 函数七重关之二(作用域)

“咳咳，那我继续长话短说了。要想回答之前的问题，我必须把作用域的概念再说一说。这便是我所总结的函数七重关里面的第二重关。”叶小凡继续讲解着，这些概念在叶老的教导下早就烂熟于心了。

“首先，作用域如果要深究，还是比较复杂和晦涩难懂的，我就用通俗的话说明作用域的问题吧。在 JavaScript 中，作用域分为两种，一种是全局作用域，另一种是函数作用域。**所谓作用域，就是指当你要查找某一个变量的时候，你可以在什么范围内找到这个变量。这个寻找的范围，就是作用域。**不管是全局作用域还是函数作用域，都被定义在词法阶段。词法阶段就是刚才所说的 JavaScript 编译代码的第一个步骤——分词。所以，词法阶段也叫作分词阶段。关于全局作用域，先看一个比较简单的例子。”

```
var a = 10;
function test(){
    console.log(a);
}
```

“变量 a 和 test 函数都直接暴露在外面，因此它们都属于全局作用域。而 test 函数的函数体，即用花括号包起来的部分则是函数作用域。没错，函数的函数体都属于函数作用域。又因为 test 函数属于全局作用域，而它自己又拥有一个函数作用域，那么这样一来，就形成了一个作用域的嵌套。也就是说，全局作用域里面嵌套了一个函数作用域。在函数作用域里面可以访问全局作用域中的变量，但是反过来不行。请看刚才的例子。”

```
function test(){
    console.log(a);
}
var a = 10;
test();
```

“如果我直接调用 test 函数，答案必然是 10。在这个例子中，函数作用域里面的 a 会先去当前函数作用域里面寻找是否有一个变量 a。如果找不到，就去上一层包着它的父级作用域中寻找。那么，从这个例子不难看出，外面的父级作用域，也就是全局作用域中确实有一个变量 a。那么，在执行函数体的时候，就可以访问外面的变量 a 啦。但是反过来就不行，比如这样。”

```
function test(){
    var a = 10;
}

console.log(a);
```

代码运行结果如下。

```
ReferenceError: a is not defined
    at Object.<anonymous>(G:\JavaScript百炼成仙\\hello.js:5:13)
    at Module._compile (internal/modules/cjs/loader.js:689:30)
     at Object. Module. _ extensions.. js  (internal/modules/cjs/
loader.js:700:10)
    at Module.load (internal/modules/cjs/loader.js:599:32)
    at tryModuleLoad (internal/modules/cjs/loader.js:538:12)
    at Function.Module._load (internal/modules/cjs/loader.js:530:3)
     at Function. Module. runMain (internal/modules/cjs/loader. js:
742:12)
    at startup (internal/bootstrap/node.js:279:19)
    at bootstrapNodeJSCore (internal/bootstrap/node.js:752:3)
```

“刚才已经说了，全局作用域包着一个函数作用域，在函数作用域里面可以访问全局作用域里面的变量。但是反过来的话，全局作用域想要调用函数作用域中定义的变量却是做不到的。**因此当发生作用域嵌套的时候，只能里面的访问外面的，外面的无法访问里面的**。而且需要注意一点，那就是作用域嵌套一般是针对全局作用域和函数作用域，或者是函数作用域和其他函数作用域而言的。比如，下面这种形式就不是作用域嵌套。"说着，叶小凡随手就打出了一段代码。

```
if(true){
    var a = 20;
}

console.log(a);
```

代码运行结果是20。

"虽然变量a的定义写在了花括号里面，但是这里并没有出现函数，因此不算作用域嵌套。而且我刚才也说了，在JavaScript中，只有全局作用域和函数作用域，你可以认为这里的a也属于全局作用域，这样更方便理解。既然都是在全局作用域里面，那么console.log方法自然可以访问同为全局作用域里面的变量a。"

叶小凡讲得有理有据，饶是林元青和尹曾琪也微微点了点头。也难怪叶小凡懂的知识比其他弟子多，毕竟，有一个老怪级别的叶老在教导他啊。

"接下来，我把代码换一下。"

```
if(false){
    var a = 20;
}

console.log(a);
```

"瞧，我现在把if判断中的true改为了false，那么你说，下面的a打印出来是多少呢?"

"这，应该是报错吧，因为定义变量a的语句不会执行了啊。"对面的弟子想了想，不是很确定地说道。

“错了，你看好。”叶小凡微微一笑，运功将代码执行了一下，得到的结果是 undefined！

“什么？竟然是 undefined，为什么？”对面的弟子惊呼。

“‘**var a = 20;**’这句话在 if 判断中，而 if 判断的条件是 false，所以这句话的确不会执行。但是，执行代码是在运行阶段，在代码的分词阶段和解析阶段，变量 a 依然会被获取，并且系统会默认给它一个 undefined。又因为变量 a 不是在某一个函数的函数体中，而是在全局作用域里面，所以 console.log 方法依然可以访问这个变量，因此获取变量 a 的值就是 undefined。”

“接下来可以解释之前的那个问题了。”

```
console.log(a);
var a = function(){
    alert("函数被调用了！");
}
console.log(a);
```

“第一次执行 console.log 方法的时候，变量 a 还没有被赋值为一个函数，但是 JavaScript 引擎还是会把它提取出来并放入全局作用域，并且默认给它一个 undefined。所以，第一次打印出来的就是 undefined。接下来就是一个赋值语句了。”

```
var a = function(){
    alert("函数被调用了！");
}
```

“这个赋值语句把一个匿名函数赋给了变量 a，那么从此变量 a 就指向了这个函数，换句话说，一个名字叫作 a 的函数就已经产生了。这句话一旦执行，a 就不再是 undefined 了，而是一个函数。接下来执行第二个 console.log 方法，这个时候 a 自然已经有值了，所以打印出来的是一个函数。”

“好！好！好！”尹曾琪连说三个好，显然对叶小凡的实力不吝赞赏，他看向叶小凡的眼光中明显多了好几分神采。

“小娃娃，没想到你小小年纪，竟然可以对函数如此了解。既然你提到了作用域分为全局作用域和函数作用域，那么老夫就再来考你一考。"说着，尹曾琪随手一挥，一段代码就显示在了众人眼前。

```
var a = 1;

function test(){
    var a;

    var inner = function (){
        console.log(a);
    }

    inner();

}

test();
```

"这道题你来回答看看，答案是什么呢？"

"答案是 undefined，这是在函数作用域里面嵌套了函数作用域，那么在最里面的 inner 函数中访问一个变量，就会优先在 inner 函数里面寻找，结果却发现找不到。既然在当前函数作用域里面找不到，那么就往上翻一层，在它的父级作用域，也就是 test 函数的作用域里面寻找，结果发现找到了。test 函数里面定义了一个变量 a，但是没有赋值，那么 a 就是 undefined。既然已经找到了，那么就不会去全局作用域里面寻找变量 a 了。所以，全局作用域里面的变量 a 其实就是一个摆设。"

"好小子，回答得不错。那你再说说如果函数有参数传递会怎样？"尹曾琪点点头，认可了叶小凡的回答。

场外的观众一下子又沸腾了，要知道，在千鹤派中，尹曾琪可是出了名的严苛，每次考试都喜欢鸡蛋里面挑骨头，很少会像现在这样赞同一个弟子。

"弟子遵命。关于函数的传参，其实我是把它归结为了函数七重关里面的第三重关。"

"哈哈哈，好，好，好。那你就讲讲你的第三重关吧！"尹曾琪哈哈大笑，赞赏之意更浓。

叶小凡抬头看了林元青一眼，得到授意后，就开始讲起了第三重关。

1.21　函数七重关之三（参数传递）

“所谓的参数，就是指当函数调用的时候会传进来的值，也就是说，我们在定义参数的时候并不知道调用的过程中会有什么样的值传过来。”接着，叶小凡随手打出了一段绚丽的代码。

```
function add(a,b,c){
    var sum = a +b +c;
    console.log(sum);
}
add(1,2,3);
```

代码运行结果是 6。

这就是一个最简单的函数调用配上参数传递的例子。一般来说，函数的名字定义要让人一看就知道是什么意思。比如这个例子中，一看 add 函数就能够明白它的目的是做加法。调用函数的时候传进去了三个参数，分别是 1、2、3，这三个参数分别对应 add 函数中圆括号内，也就是参数列表内的 a、b、c 三个变量。在定义这个函数的时候，a、b、c 三个变量的变量名是随便取的，当然，能够见名知意最好。

“在刚才的例子中，add 函数的调用需要三个参数，分别是 a、b、c。换句话说，如果你要调用 add 函数，就必须传入三个参数，就像下面的代码。”

```
add(1,2,3);
```

“函数的调用就是在函数名字的右边加上一对小括号，这样就会执行函数里面的代码体，也就是下面这个部分。”

```
function add(a,b,c){
    var sum = a +b +c;
    console.log(sum);
}
```

“函数的代码体一般都是用花括号扩起来的，在里面正常写 JavaScript 代码就行了。每写完一句，就要打一个分号，这是 JavaScript 代码的编写规范。现在我们来看一下这个函数的函数体里面都发生了些什么事情，首先是第一行。”

```
var sum = a +b +c;
```

“sum 是一个新定义的变量，注意，这个变量是定义在 add 函数的函数体内部的，根据作用域的范围限定，这个变量是定义在**函数作用域**里面的，函数作用域是一个相对封闭的空间，也就是说，外面的全局作用域是没有办法直接访问函数作用域里面的 sum 变量的。所以，这个 sum 变量只能在该函数的函数体内被访问，它也被叫作**局部变量**。好，继续看，接下来就是一个简单的加法和赋值了。从代码的字面上也可以看出，就是把 a、b、c 三个变量相加之后得到一个总量，然后把这个总量用等号（赋值运算符）赋给局部变量 sum。下面是一个打印语句，就是把 sum 变量在控制台上打印出来。”

“那如果我在调用函数的时候就传了一个参数咋办？”对面的弟子问道。

“嗯，你说的这个问题，我想可以把它单独拆分出来看。比如，我定义了一个函数，设置了一个参数，但是传参的时候却一个参数都没有传，这样的情况和你的问题是类似的。”

“哦？那你说说看。”

“好的。”叶小凡想了一下，便打出一段代码。

```
function fun(a){
    console.log(a);
}
```

“这是一个简单的函数，函数名字是我随便取的，就叫它 fun 吧。这个函数设置了参数，参数名字是 a，当然，这个 a 到底是什么是没有限定的，它可以是一个字符串，也可以是一个数字，甚至可以是一个对象，哪怕是另一个函数也可以。因为只是测试，所以我只是在这个函数的函数体中写了一条打印语句而已。接下来，我要试着调用这个函数，而且故意不写参数，就像这样。”

```
fun();
```

“这是一个非常古怪的例子，因为fun函数明明是要求填写一个参数的，那就是a。可是在调用函数的时候，却偏偏没有参数传递进来。这按理说是不被允许的，可是当这种情况真的发生了会怎样呢？也就是说，如果没有参数传进来，那么函数中已经设置好的参数会等于什么呢？试一下便知。”叶小凡故意卖了个关子，然后执行了代码。

结果显示：undefined。

“没错，结果就是undefined。其实，对于函数传参到底是怎么回事，可以把这个例子再次细分。刚才的函数中有一个参数a，那么这个参数自然也属于函数作用域，就相当于这样。”

```
function fun(){
    var a;
    console.log(a);
}
```

“为了方便理解，在关键的地方不犯糊涂，函数的参数可以简单地看成是在函数体，也就是花括号扩起来的地方，即里面的第一行定义了一个变量。因为我们并没有给这个变量赋值，所以这个局部变量就是undefined。可以这么说，任何变量在被赋予真正的值之前，其在编译阶段都是undefined。或者说，任何变量不管其最终的值是什么，它都曾经是undefined。这些函数的参数可以被理解为一种**预备变量**。接下来说说正常的情况，比如我调用fun函数，传递一个参数18。传参的过程就相当于是给**预备变量**赋值的过程。如果没有传参，那么**预备变量**自然还是undefined。再回到刚开始的例子，看一下如果只传一个参数的情况。”

```
function add(a,b,c){
    var sum = a +b +c;
    console.log(sum);
}
add(1);
```

“这种情况下，a的值是1，b和c的值就是undefined，那么数字1和2个undefined相加会是多少呢？真是有意思的问题。结果是NaN，代表无法计算。没错，如果真的那样做，那么就是没有任何意义的。最起码在这个函数中，那样的做法是毫无意义的。”

“好吧，如果我多传一个参数又会怎样呢？”对面的弟子又抛来一个问题，大有一副不把叶小凡问倒誓不罢休的意思。但令他没有想到的是，叶小凡立刻就有了回答。

“你说的这个问题，其实也可以单独拆解出来。好比我定义了一个函数fun，但没有参数，如果我在调用fun函数的时候故意给它加了一个参数，会发生什么？比如像这样。”

```
function fun(){
}
fun(10);
```

“结果是可想而知的，自然是什么都不会发生啦。再回到刚才的例子中，就算你强行加了第四个参数，对结果也不会有什么影响。”

```
function add(a,b,c){
    var sum = a +b +c;
    console.log(sum);
}
add(1,2,3,4);
```

“如果我一定要在函数里面访问额外的参数需要咋办？”对面的弟子一副问到你山穷水尽的气势，就连场外的某些弟子都看不下去了，心想这种问题实在是有些欺负人了。可是林元青在听到这个问题后，却不动声色地望向叶小凡，眼神中隐约流露出一份期待。

“这是可以办到的，其实所有的参数都会被装载到函数内部一个叫作arguments的数组里面。比如这个add函数，虽然参数设置了a、b、c三个，但是在函数的内部还维护了一个arguments数组。我可以用代码验证。”

```
function add(a,b,c){
    console.log(arguments);
    var sum = a +b +c;
    console.log(sum);
}
add(1,2,3,4);
```

代码运行结果如图 1-19 所示。

```
                                          VM89:2
▼Arguments(4) [1, 2, 3, 4, callee: ƒ, Symbol(Symbol.i
 terator): ƒ]
   0: 1
   1: 2
   2: 3
   3: 4
  ▶callee: ƒ add(a,b,c)
   length: 4
  ▶Symbol(Symbol.iterator): ƒ values()
  ▶__proto__: Object
```

图 1-19　运行结果

"可以看到,你传过来的四个参数,其实都放进了这个默认的 arguments 数组里面。换句话说,参数列表里面的 a、b、c 也是根据这个数组赋值的。现在我把代码改写一下,就能看得更清楚了。"

```
function add(a,b,c){
    console.log(arguments);
    a = arguments[0];
    b = arguments[1];
    c = arguments[2];
    var sum = a +b +c;
    console.log(sum);
}
add(1,2,3,4);
```

"嗯,根据这个特性,可以完成一些有趣的功能,比如我可以编写一个函数,参数个数任意,实现数字的累加。说得简单一些,就比方说我在调用 add

函数的时候传入了3个数字，就进行3个数字的累加；传入了5个数字，就进行5个数字的累加。也就是说，不管你传入多少数字，我都可以实现累加，这便是一个非常灵活的累加器了。"说完，叶小凡一边思考，一边开始写代码。

"因为在实现之前我并不知道会有几个参数传进来，所以干脆就不设置任何参数了。"

```
function add(){
}
```

"这样，我先假设在调用add函数的时候最起码会有一个参数传进来。那么，先用arguments数组获取第一个位置的元素。如果第一个位置的元素不存在，那么就返回0。"

```
function add(){

    if(!arguments[0]){
        return 0;
    }

}
```

"接下来，因为不知道究竟会有多少个参数，所以arguments数组的长度是未知的。但是，arguments既然是一个数组，那么就会有length属性，这个属性里面放的就是arguments数组内部元素的个数。这样看来，虽然我不知道会有多少个参数传进来，但是在函数的函数体中却可以通过arguments数组的length属性预知未来传入参数的个数。这样的话，我就只需要做一个简单的数组循环就可以了，然后将所有的数据累加起来，就像这样。"

```
function add(){

    if(!arguments[0]){
        return 0;
    }
```

```
    for(var i = 1;i <arguments.length;i++){
        arguments[0] = arguments[0] +arguments[i];
    }

    console.log(arguments[0]);

}

add(1,2,3,4);
```

“这种写法的思路是从数组的第二个元素开始，将往后所有的元素全部累加到第一个元素上，就得到了数组中所有元素的和。当然，我也可以在函数内定义一个局部变量 sum，再全部累加到 sum 变量上，比如这样。”

```
function add(){

    var sum = 0;

    for(var i = 0;i <arguments.length;i++){
        sum = sum +arguments[i];
    }

    console.log(sum);

}

add(1,2,3,4);
```

这样的话，数组的循环就可以从下标为 0 的地方开始了。因为如果第一个元素不存在，那么 arguments 数组的 length 就是 0，也就是说，for 循环连一次都进不去的。函数的结果是 sum 依然是 0，是符合预期的。

“最后说一下函数的返回值。就好比之前的例子，sum 变量虽然是所有参数的总和，但是 sum 变量毕竟只是在函数的内部。根据作用域的关系，外面是没有办法访问函数作用域里面的 sum 变量的，可是既然这是一个累加函数，那么外面调用这个函数的目的自然就是获取累加之后的值。因此，将局部变量 sum 暴露出去是非常有必要的。那么，怎么才可以实现这一点呢？方法就是使用 return 关键字，将函数中的某一个数据返回，比如这样。”

```
function add(){

    var sum = 0;

    for(var i = 0;i <arguments.length;i++){
        sum = sum +arguments[i];
    }

    return sum;

}
```

“把 sum 变量 return（返回）出去，那么在调用函数之后，函数就返回了一个 sum，也就是说，函数的调用结果变成了 sum 变量，外面的全局作用域就可以获取函数内部的数据了。比如这样。”

```
var sum = add(1,2,3);
console.log(sum);
```

“这便是函数七重关之第三重关。”听完叶小凡的讲述，就连林元青也点了点头，表示认同，对面的弟子再也挑不出刺了。

1.22 函数七重关之四（闭包）

“接下来就是函数七重关的第四重关——闭包。”叶小凡悠悠地说道。

“什么？闭包！”场外弟子大惊，“那不是传说中只有大师级别的修行者才可以掌握的技能吗？他区区叶小凡，竟然也懂得闭包！”

诚然，闭包的技术异常晦涩和难以理解，其难度在 JavaScript 中是出了名的，根本没有人相信一个刚刚入门的弟子有能力理解闭包的内涵。

“什么？闭包！这叶小凡竟然连闭包都会。不可能，这绝不可能，我苦心钻研多年，又有家族势力在背后扶持，获得了其他弟子根本得不到的功法秘籍，也才对闭包的皮毛略有了解。这怎么可能？叶小凡他何德何能，竟然也知道闭包。”一向沉稳地观看比赛的罗丹在听到“闭包”二字后竟也不淡定起来。不只是场外弟子，就连林元青和尹曾琪也纷纷对叶小凡注目，满是惊讶。至于叶小凡，他并没有太在意周围人的动静，只是在脑海中回忆起叶老教导自己闭包时候的场景，在他的认知里，闭包不过也就是麻烦了点、奇特了点，其他也没啥特别的。因为并不是所有人都能得到叶老那个级别的老怪物的亲自指导啊。

就在这时，叶小凡听到来自叶老的传音。

“哈哈，小娃娃，好好表现，可不要埋没了我叶老的名声啊！”

“放心吧，师傅！”叶小凡拍着胸脯保证道。

“说到闭包，还是先提一下最后讲到的函数返回值。”

```
function add(){

    var sum = 0;

    for(var i = 0;i <arguments.length;i++){
        sum = sum +arguments[i];
    }

    return sum;

}
```

“因为sum是函数作用域里面的变量，因此也叫局部变量，外面是没有办法直接访问这个局部变量的，除非把sum作为返回值返回出去，外面才可以访问sum变量。好了，既然是在函数中，如果我可以把一个变量返回出去，那么自然也就可以把一个函数也返回出去啊，比如这样。”

```
function test(){
    return function(){
    }
}
```

"在这个例子中,就是在一个函数里面嵌套了另外一个函数,因为我只是想要把一个函数返回出去,而并不在乎这个内部函数叫啥名字,所以干脆就不给它取名字了,那么里面的这个函数就是一个匿名的函数。这种写法虽然有点奇怪,但它依然是正确的。"

"你做这么奇怪的事情干什么?"有人不禁蹙眉问道。

"当然有意义,因为函数作用域可以嵌套,所以里面的函数作用域就可以访问外面函数作用域中的变量了,比如这样。"

```
function test(){

    var a = 0;

    return function(){
        console.log(a);
    }
}
```

"test 函数里面定义了一个局部变量 a,这个变量 a 就属于 test 函数的函数作用域,而最终返回的函数也属于 test 函数作用域,这个匿名函数的内部就有权限访问外部的作用域。换句话说,外面的变量 a 可以被它访问到。这个道理就和函数作用域可以访问全局作用域是一样的。接下来就是重点了。因为 test 函数返回的结果是一个函数,既然是函数,不去调用的话就不会执行里面的代码,所以如果需要执行内部函数的函数体,就必须要这样。"

```
test()();
```

"第一个小括号是调用 test 函数,这个 test 函数中定义了一个局部变量 a,还返回了一个内部函数。因此,第一次调用的结果就是返回一个内部函数,而第二个圆括号才会调用那个内部函数。"

代码执行结果是 0。

"刚才的例子就是一个典型的闭包,现在我总结一下产生闭包的条件。第一点,**在函数内部也有一个函数**。就好比这个例子,在 test 函数里面还有一个函数。第二点,**函数内部的函数里面用到了外部函数的局部变量**。还是这个例子，**test** 函数里面有一个局部变量 **a**，并且被内部函数使用了。第三点，**外部函数把内部函数作为返回值 return 出去了。**”

“那这样有什么好处呢？”有人问道。

“要说好处的话，自然是有的。正常情况下，我们调用一个函数，其里面的局部变量会在函数调用结束后销毁，这也是我们在全局作用域里面无法访问函数局部变量的原因。但是，如果你使用了闭包，那么就会让这个局部变量不随着原函数的销毁而销毁，而是继续存在。比如我反复调用这个内部函数，就会发现这个变量 a 一直存在，就好像是一个全局作用域里面的变量似的。”

```
//先获取这个内部函数
var inner = test();
//第一次调用内部函数
inner();
//第二次调用内部函数
inner();
//第三次调用内部函数
inner();
```

代码运行结果都是 0。

“变量 a 本来就是 0，你怎么证明打印出来的是同一个变量呢？”有人问道。

“这好办，我可以给内部函数设置一个累加的参数，在每次调用内部函数的时候都把这个参数的值加上。”

```
function test(){

    var a = 0;

    return function(increment){
        a = a +increment;
        console.log(a);
    }
}
```

```
//先获取这个内部函数
var inner = test();
//第一次调用内部函数
inner(1);
//第二次调用内部函数
inner(1);
//第三次调用内部函数
inner(1);
```

代码执行结果分别为1、2、3。

“这样就可以证明在每次调用内部函数的时候，里面访问的都是同一个变量a了。这种写法就相当于在全局作用域里面定义了一个变量a，然后在函数中操作全局变量。但是用这样的形式操作，也就是利用闭包操作可以减少很多不必要的全局变量。全局作用域是一块公共区域，如果为了某个单一的功能而定义一个全局变量，则会导致全局变量过多，代码就变得一团糟了。因此在这种情况下，还是要优先考虑使用闭包。”

“你刚才说在闭包里面可以访问外部函数中的局部变量，那么这种变量还可以被抹除吗?”有人问道。

“当然可以，只要你在某一个特定的时刻手动将那个变量赋值为null就行了。JavaScript会自动扫描函数中值为null的变量，一旦找到就会自动清除这些无用的变量。”

“好了，这便是函数七重关的第四重关。”叶小凡长吁了一口气。

全场寂静，罗丹听完叶小凡的论述，更是暗自握紧了拳头，低声道：“这个叶小凡，一定有秘密!”

1.23 函数七重关之五(自执行函数)

“函数七重关的第五重关，便是自执行函数了。很多时候，我们只想执行一个函数，却无所谓这个函数叫什么名字。那么在这种情况下，就可以考虑使用自执行函数了。自执行函数的格式是这样子的。”

```
语法：(定义一个没有名字的函数)();
```

“接下来举一个具体的例子，看看如何定义一个自执行函数。”

```
(
    function(){
        console.log(123);
    }
)();
```

“这便是一个简单的自执行函数了，所谓自执行函数，顾名思义，就是在定义之后就立刻执行的函数，它一般是没有名字的。也正因为自执行函数没有名字，所以它虽然会被立刻执行，但是它只会被执行一次。”

“自执行函数一般可以和闭包配合使用，比如之前的例子。”

```
function test(){

    var a = 0;

    return function(increment){
        a = a +increment;
        console.log(a);
    }
}
```

“在这个闭包的例子中，其实我真正想要得到的是test函数里面的内部函数。因为这个原因，所以我并不是很在意test函数，我的意思是，我并不是很需要知道外面这个函数叫什么名字，它可以叫test，也可以叫aaa、bbb、ccc，无所谓的。那么像这样的情况，不妨就使用一个自执行函数直接获取内部函数，这是一个相当不错的选择呢！比如，我可以这样改写一下代码。”

```
var inner = (function(){

    var a = 0;

    return function(increment){
```

```
        a = a +increment;
        console.log(a);
    }

})();

inner(2);
inner(2);
inner(2);
```

“这样一来,我就可以直接得到闭包环境下的内部函数了,外部函数只是为了产生闭包环境而临时定义的函数,正因为如此,所以根本没有必要给外部函数取一个名字!”

“函数七重关的第五重关——自执行函数就讲解完了。”

1.24 函数七重关之六(“new”一个函数)

“接下来是函数七重关的第六重关——“new”一个函数。在 JavaScript 中是有 new 关键字的,它的作用是什么呢?先举一个例子吧。”说着,叶小凡随手就打出了一段代码。

```
function hello(){
    console.log(this);
}
```

“我随便定义一个函数 hello,里面就一句话,是一个打印语句,然后打印出 this 对象。this 也是 JavaScript 中的一个关键字,它是什么意思呢?其实很简单,**this 永远指向当前函数的调用者**。这句话是关于 this 的一条铁律,怎么理解这句话呢?首先,这句话透露出的第一个信息是,this 要么不出现,一旦出现,就一定出现在函数中。第二个信息是,this 指向函数的调用者,换句话说,这个函数是谁调用的,那么 this 就是谁。”

“你说的我都快晕了,能不能讲简单点?”有人发问。

“前面说过，JavaScript 里面分为全局作用域和函数作用域，在全局作用域里面定义的任何东西，不管是一个变量还是一个函数，其实都是属于 window 对象的。也就是说，hello 函数也是 window 对象的 hello 函数。而对象可以通过两种方式调用它里面的属性。第一种是点的方式，比如这样。”

```
window.hello();
```

“第二种方式是使用中括号，即对象[属性名称]，属性名称可以是一个字符串，也可以是一个变量，比如我这样写或者那样写都是可以的。”说着，叶小凡随手就打出了一段代码。

```
//第二种写法 -1
window['hello']();
//第二种写法 -2
var p = 'hello';
window[p]();
```

“我刚才说了，this 永远指向当前函数的调用者。那么，我们调用 hello 函数，其实也就是 window 对象调用了这个 hello 函数。既然如此，hello 函数里面的 this 自然就指向了 window 对象。因此，hello 函数调用后打印出来的就是 window。好了，再回到 new 关键字的问题上，如果我在调用函数的时候使用了 new，那么会发生什么呢？”说着，叶小凡随手就打出了一段代码。

```
function hello(){
    console.log(this);
}

new hello();
```

“先看一下执行结果吧。”说着，叶小凡运功执行了代码。

效果如图 1-20 所示。“结果是 hello 函数内部产生了一个新的对象，也就是 hello 函数的真实调用者——this 关键字指向的那个对象。说得简单些，就是函数内部产生了一个新的对象，并且 this 指向了这个对象，

```
▼ hello {}
  ▶ __proto__: Object
```

图 1-20　运行结果

然后函数默认返回了这个新的对象。”

```
function hello(){
    console.log(this);
}

new hello();

var newObject = new hello();
console.log(newObject);
```

“这样的结果就是，newObject 就是函数里面的 this，也就是函数内部新产生的那个对象了。”

“这种函数还有一个别称，叫作构造函数。通过这种方式，我可以通过构造函数构建一个**对象模板**。”

“对象模板？”有人发问。

“是的，对象模板，这是我对它独有的称呼。所谓对象模板，就是指用一个函数的形式设计一种对象的种类。说得简单些，比如苹果、香蕉、板栗这些食物，它们都是食物，那么我就可以设计一个对象模板描述食物的一些共同特点。比如，食物有名字、味道、颜色等属性，那么我就可以在函数中用 this 关键字设计这些属性。”说着，叶小凡随手就打出了一段代码。

```
function Fruit(name,smell,color){
    this.name = name;
    this.smell = smell;
    this.color = color;
}
```

“方才我定义了一个函数 Fruit，一般来说，**如果这是一个构造函数，那么首字母就需要大写**。这是叶老……哦不，是我自己领悟出来的。”叶小凡口误后有点尴尬，立刻纠正了过来。

“因为函数在使用了 new 关键字以后会从内部新产生一个对象出来，而 this 就指向了这个对象。基于这样的一个缘由，我就可以直接在函数里面给未来即将生成的那个对象设置属性啦。在这个例子中，我设计的是一个水果构造函数，将来配合new关键字就会产生很多种水果对象。那么，我为什么不在这个构造函数里面给水果对象的名字属性、气味属性和颜色属性赋值呢？Fruit本来就是一个函数，既然是函数，自然是可以传递参数的，所以我干脆就把这些属性作为参数传进去。换句话说，到底要产生一个什么样的水果对象是由我自己决定的。好，看着。”

只见叶小凡一挥手，就开始调用函数，并且使用了new关键字！效果如图1-21所示。

```
var apple = new Fruit('大苹果','香甜可口','红色');
```

```
<· ▼Fruit {name: "大苹果", smell: "香甜可口", color: "红色"}
      color: "红色"
      name: "大苹果"
      smell: "香甜可口"
    ▶__proto__: Object
```

图1-21　运行结果

一瞬间，一个红彤彤的大苹果就出现在了叶小凡的手里，接着叶小凡用力咬了一口，顿时香甜的汁液充盈着口腔，特别甜，不酸，还很爽口。

“咦，这么好吃？”叶小凡越啃越有味儿，根本停不下来，三下五除二就把苹果吃完了，甚至忘了自己还在考试。场外弟子嘘声一片，林元青看见这个场面也感觉有些尴尬，便用力咳嗽了一声。对面的弟子看着叶小凡吃着大红苹果，只是暗自吞了一口唾沫。

大约是意识到自己还在比赛，叶小凡便不好意思地挠了挠头。

“除了用函数创建一个对象，也可以直接制作一个自定义对象出来。”叶小凡打出代码。

```
var apple2 = {
    name : "苹果",
    smell:"甜的",
    color:"红色"
}
```

“这是创建对象的一种方式，使用花括号就可以直接定义一个对象了。对象里面的属性和属性值都是键值对的形式，当中用冒号，不同的键值对只能用逗号分隔。键值对，左边的是键，右边的是值。键就是属性的名称，值就是属性的值。键可以用引号，也可以不用。值并不是只能是字符串，它可以是数字，也可以是字符串，甚至是函数或者另外一个对象。”

“既然这样，为什么还要使用构造函数呢，这样定义对象不是更方便吗？”有人不解地问道。

“不，用构造函数定义对象是有优势的。比如我需要 2 个苹果，使用构造函数的话，直接调用两次 new 函数就行了，可以非常方便地获得两个苹果。而使用大括号的方式就得写两次。”

```
var apple1 = new Fruit('大苹果','香甜可口','红色');
var apple2 = new Fruit('大苹果','香甜可口','红色');

var apple3 = {
    name : "苹果",
    smell:"甜的",
    color:"红色"
}

var apple4 = {
    name : "苹果",
    smell:"甜的",
    color:"红色"
}
```

“不是吧，我直接这样写不就好了？”对面的弟子不服气，也打出了一段代码。

```
var apple3 = {
    name : "苹果",
    smell:"甜的",
    color:"红色"
}

var apple4 = apple3;
```

看到这一段代码，叶小凡暗觉好笑，心想当年叶老教导自己的时候，自己不是也曾经犯过这个错误吗？不过后来经过叶老的指导，自己已经明白了其中的奥妙和需要注意的地方。

“不，你这样写的话，apple3 和 apple4 其实都是指向同一个苹果的。不相信的话，我来做一个测试。”

“首先，给苹果对象添加一个是否被吃掉的属性。”

```
var apple3 = {
    name : "苹果",
    smell:"甜的",
    color:"红色",
    isEat:false
}
```

“然后让变量 apple4 等于 apple3，修改 apple4 的 eat 属性，把没有被吃掉的状态改成已经被吃掉。接着，查看 apple3 是否跟着一起被改变就知道了。”

```
var apple3 = {
    name : "苹果",
    smell:"甜的",
    color:"红色",
    isEat:false
}

var apple4 = apple3;
apple4.isEat = true;
console.log(apple3);
```

效果如图 1-22 所示。

```
▼ {name: "苹果", smell: "甜的", color: "红色", isEat: true}
    color: "红色"
    isEat: true
    name: "苹果"
    smell: "甜的"
  ▶ __proto__: Object
```

图 1-22 运行结果

“这是为什么啊?”对面的弟子大惊失色。

“简单来说,除了基本数据类型之外,其他都属于引用数据类型。比如对象就属于引用数据类型。如果将基本数据类型赋值给某一个变量,然后将这个变量赋值给另外一个变量,就可以看成是数据值的复制,比如这样。”

```
var a1 = 10;
var a2 = a1;
```

“那么,a1 和 a2 还是不同的数据,虽然都是 10,但是在内存上却处于不同的空间。而引用数据类型则不同,如果简单地分出一个变量区和内存区,那么在刚才的例子中,apple3 和 apple4 就都属于变量区的两个不同的变量了,但是却指向同一块内存地址,也就是真实的对象地址。这样一来,不管是 apple3 还是 apple4,它们都拥有操作这一块内存区域的权限,也就是说,它们都可以修改真实对象的属性值。所以才有了上面的变化。”

“好了,这就是第六重关的全部内容了。”

1.25 函数七重关之七(回调函数)

“最后是第七重关——回调函数。所谓回调函数,就是指把一个函数的定义当作参数传递给另一个函数。这么说可能有点绕口,我还是举一个例子吧。”

“正常情况下,函数传参可以是一个数字,也可以是一个字符串,这都没有问题。但是 JavaScript 提供了一种强大的特性,这个特性就是:**函数也可以作为另一个函数的参数**。比如我现在有一个‘吃饭’的函数,既然是‘吃饭’的函数,我就得考虑吃什么、怎么吃、要加什么佐料的问题。”

```
function eat(food,howToEat,tiaoliao){
    alert(tiaoliao +"," +howToEat +"吃" +food);
}
```

“这是一个‘吃饭’函数，并且我把食物、怎么吃和佐料都当作参数传了进去。那么，当我要调用这个‘吃饭’函数的时候，可能是这个样子的。”

```
eat('羊肉串','笑嘻嘻地','撒上一撮孜然');
```

代码运行结果是：撒上一撮孜然，笑嘻嘻地吃羊肉串。

“这样做自然是可以的，但是如果某天我要给这个函数添加新的条件又该怎么办？我就得修改函数的参数列表，甚至修改函数的代码体。如果改动比较大，则是非常麻烦的。所以，我自然而然地就产生了一个大胆的想法。比如吃饭这个行为，到底怎么吃难道不是应该在我真的吃饭的时候才决定吗？所以，食物变量照样可以当作参数传递，因为吃什么可能是预先就想好的，但是怎么吃就很难预先考虑好了，而加什么佐料则有很大的随机性。那么，我能不能把吃的方法当作一个参数传入这个 eat 方法呢？到时候，在真正需要考虑怎么吃的时候直接调用这个**已经作为参数的函数**不就好了吗？”说完，叶小凡立刻打出代码。

```
function eat(food,callback){
    callback(food);
}
```

“这是什么？好奇怪的代码！”众人惊呼。

“不要着急，容我慢慢道来。首先，callback 就是那个函数，既然是函数，我们都知道打一个括号就可以执行函数的函数体。那么在这个 eat 函数中，直接执行了 callback，并且把另一个 food 参数传入了 callback。意思就是说，到底怎么吃是在你调用 eat 函数的时候通过**临时编写一个新的函数**实现的！”说完，叶小凡立刻打出了代码。

```
eat('羊肉串',function(food){
    alert("笑嘻嘻地,撒上一撮孜然,开心地吃" +food);
});
```

“这个函数是临时编写的，它叫什么名字自然就无所谓了，我的目的就是希望它进入 eat 函数执行而已。同时，我在编写这个匿名函数的时候也设计了参数 food,这便是要吃的食物了!”

“嗯,讲得不错,这场比试毫无疑问是叶小凡获胜了。”林元青站起身,微笑着宣布比赛结果。对面的弟子虽然不甘心,但是也心服口服了。

“走,这个叶小凡一定有秘密!”罗丹冷冷地抛下这句话,便离开了现场。

第2章　基础考核

2.1　赵牛

一眨眼，大半年的时间已经过去。这段时间里，叶小凡已经把《JavaScript基础修炼要诀》看了无数遍，结合自身的修炼，隐隐有突破的迹象。在脚本大陆，武者修行分为几个境界，分别为幼儿园、小学、初中，在初中之上，更有神秘的高中级别存在。如果能修炼到高中的境界，在脚本大陆最起码是宗门的大长老！千鹤派的大长老就是高中境界。而叶小凡此时才只是幼儿园境界罢了。至于高中境界之上，传言还有更高的境界，至于是什么，叶小凡并不知晓，同龄的修士也不知晓。那层境界太过高深和玄妙，自然无人详谈。但是听说千鹤派的高层，流传着在千鹤派的内门有几位修为极其恐怖的老怪潜藏着的传言，其修为之恐怖骇人听闻，功法境界达到了传说中的大学僧！

大学僧是传说中才有的存在。叶小凡也是在无意中听到了这些传闻，但他自知这些对当前的自己来说毕竟太过遥远，好好修炼、争取在基础考核中获取不错的名次才是正道。

不多时，基础考核的日子如期而至，基础考核只有黄衣弟子才能参加。这一日，考核大殿上挤满了前来参加考核的弟子。在某些弟子看来，这一日若是能进入前五名，则不仅能获得宗门的赏赐，更能获得一笔不菲的贡献点。

贡献点可以在宗门山下的坊市内换取修行所需的资源，比如草稿纸、U盘等。

这天一大早，叶小凡吐纳完毕，早早地来到了考核的会场——基础阁，这里是每个月对身在青山院的修士进行考试的地方。但见朱漆大门顶端悬着黑色金丝楠木的匾额，上面龙飞凤舞地题着“基础阁”三个大字，叶小凡定睛看去，门前还贴着一张宽幅白纸，上面赫然印着“光荣榜”三个字，往下就是一张规整的表格，上面罗列了历代骄子的成绩。

“听说了吗，只有基础考核进入前 20 名才有资格在成绩单上显示自己的名字！”

此刻基础阁门前的弟子慢慢多了起来，大部分人都是和叶小凡一样的黄衣弟子。

“快看，赵牛师兄的成绩依然排在光荣榜第一位！”不知道是谁突然喊了一声，人群立刻躁动起来。

“可是那进入宗门一个月就破例升级为红衣弟子的赵牛？”

“除了他还有谁？据说资质测验的时候，咱们青山院的掌尊就说这人资质绝佳，是百年难得一见的修炼天才。第一次参加黄衣级别的基础考核就轻松拿下第一，而且记录至今未被打破。现在升级到红衣弟子，赵牛师兄依然在同辈修士中遥遥领先。”

叶小凡听闻关于赵牛的传闻，心想自己什么时候才能像赵牛师兄那般优秀呢？

“哈哈哈，什么赵牛不赵牛的，早晚会被我林涛踩在脚底。我才是这一届的新人之星！”

就在这时，一阵自信且带有一些豪放的声音传来，叶小凡寻声望去，只见一个身材高挑、眉清目秀的黄衣男子大步流星地走了过来。

2.2 林涛

“这人是谁？”叶小凡小声地问周围的人。

“你是新来的吧，你都不知道他？林涛师兄啊，虽然资质比不上那天之骄子赵牛，但却被誉为我们这一届最有可能追上赵牛的人。”旁边的少年一脸感慨地说道。

此人的大声不但丝毫没有引起众人的反感，反而在人群中引来了一阵欢呼。

“原来是林涛师兄啊，凭借师兄你的实力，这一次一定可以赶超赵牛，成为榜首的！”

“天哪，那是林涛师兄，虽然是黄衣弟子，但是据说实力已经达到了幼儿园大班的巅峰！而且即便是遇到小学一年级的对手也可一战！”

“是啊，是啊，之前就有一个不长眼的小学一年级境界的修士，好像还不是我们青山院的，要来和我们林涛师兄比试 JavaScript 基础，结果最后还不是只能打成平手！”

“林涛师兄可是我们青山院的天之骄子，10 以内的加、减法根本难不住他，据说 100 以内的加、减法他也参悟了一些！”

听着周围同修的欢呼和羡慕，林涛心里一阵欣喜，心想要不是一直想要获取黄衣级别的考核第一，让自己的名字排在那该死的赵牛前面，自己早就成为红衣弟子了。只是要知道，一旦成了红衣弟子，就无法继续参加黄衣级别的基础考核了。而偏偏林涛的好胜心又极强，所以他才没有选择升级为红衣弟子。

在青山院，升级为红衣弟子的方式有两种：第一种是自身实力达到幼儿园大班水平，就可以向掌尊林元青申请红衣弟子的身份；另一种是参加每月举办一次的基础考核，如果能获取榜首，也可以直接升级为红衣弟子。

但是几年前，青山院出了一个天才赵牛，自从获取基础考核榜首的排名以后，再也没有人超过他的成绩。即便是林涛，几次基础考核下来，也一直稳定在第二名的位置。

一想到赵牛的名字，林涛心里的傲气就难以平复下来，他攥紧了拳头，咬牙切齿道：“哼，赵牛，这一次我一定可以超越你，获取榜首的名次！”

没多久，基础考核正式开始，人们陆续走进考场，每个修士都被安排到一个座位上，叶小凡被安排在一个靠窗的位置，旁边的人正是那位自信的林涛。只见林涛此刻一脸的自信，睥睨地一扫众人，露出不屑的微笑，在他看来，此次基础考核，榜首非他莫属。

突然，一道飞虹闪过，一袭白衣的林元青出现在了众考生的面前。考生们见此都面露尊敬之色，即便是那不可一世的林涛，也和众人一样，当下离开自己的座位，向着林元青恭恭敬敬地行礼。

“参见掌尊！”

林元青“嗯”了一声，目光落在林涛身上，正好与林涛的目光对上，便微微点了下头。这一幕被同修看到，内心震撼无比，天哪！那可是掌尊啊！掌尊大人能够对林涛点头示意，这代表就连掌尊也非常看好林涛。

但是这一切并没有对叶小凡造成什么影响。此刻的叶小凡，还在仔细地回顾《JavaScript 基础修炼要诀》的方方面面，查漏补缺。

看到叶小凡的平静，林元青颇感欣慰，此子的努力他都看在眼里，暗道我辈修士就应该这样波澜不惊，不要被外界的一些名利所迷惑，唯有这样，方可修成正果！虽然此次考核林元青不认为叶小凡可以战胜林涛，但依然希望叶小凡能够取得好成绩。

至于林涛，林元青苦笑了一下，此子早就进入了幼儿园大班的境界，更是修炼到了巅峰，可以说是半只脚已经踏进了小学一年级的大门。可偏偏为了和那天才赵牛抢夺考核榜首的位置，始终不肯来自己这里申请红衣弟子的身份。

“哼，此子若是一直超不过赵牛，岂不是一直不肯晋升为红衣弟子？这次考核过后，不管结果如何，我都要让这林涛成为红衣弟子。我辈修士，怎能被名利冲昏了头脑！”林元青暗自思忖，等本次考核结束后，说什么也要让林涛成为红衣弟子。

2.3 变量和简单数据类型

林元青看了众人一眼，下发考题，淡淡地说道：“本次考核共有三题，第一题作答合格后我才会给下一题。”

随着第一题的发放，众人一看，原来是考查对 JavaScript 数据类型的理解，这本身不是很难，但是对于一些不常见的类型，却也不是那么好作答的。于是，众人也不说话，纷纷开始了紧张的答题。

林元青给出的考卷如下。

```
<!doctype html>
<html>
  <head>
  <meta charset="utf-8" >
    <title>基础考核第一题</title>
    <script>
      //谈谈你对简单数据类型的理解
    </script>
  </head>
  <body>

  </body>
</html>
```

这是一个 HTML 模板，就算是幼儿园小班境界的修士，也知道 **JavaScript 代码是需要写在<script></script>标签块里面才会生效的。**

叶小凡没有急着答题，而是在仔细回顾自己所掌握的功法，越是这种基础的知识，反而越是需要认真作答，以免有所遗漏。

在 JavaScript 功法中，数据类型是非常基础但又万分重要的一环，对数据类型的了解程度将直接影响今后的修炼。

“首先是简单数据类型，分为字符串、数值型、布尔型、null 和 undefined。” 叶小凡心中了然，对于简单数据类型，他实在是太熟悉了，他知道对于这些类型，比如字符串“Hello World”，就是一个字面值。有了就是有了，如果没有用一个变量装起来，就只是昙花一现，无法长久保存。**变量需要用关键字 var 定义，它的作用就是保存这些值。**字符串就是一些文本，仅此而已。**通过操作符“+”可以对字符串进行连接。**

想到这里，叶小凡一挥手，打出这样一串代码。

```
var str01 = "我的名字是:";
var str02 = "叶小凡";
alert(str01 +str02);
```

alert 是弹窗函数，属于最基础的方法之一。运行之后，一个弹窗顿时显示在叶小凡眼前，如图 2-1 所示。

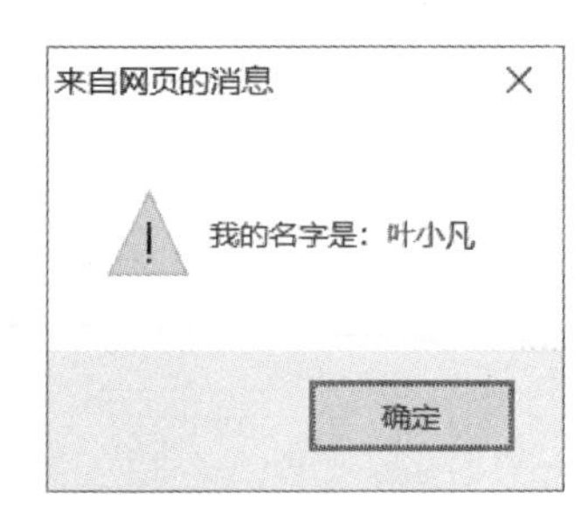

图 2-1 运行结果

这便是字符串连接的方法了，叶小凡目光一闪，继续作答。第二个是数值型，数字分为整数和小数，可是不管是哪个，都可以用变量装起来。然后是布尔型，这个比较特殊，只有两种状态，分别为 true 和 false，一个代表真，一个代表假。这些都是基础知识。突然，叶小凡有一个想法，字符串和数值型如果与布尔型变量联系起来，那么哪些是真，哪些又是假呢？叶小凡陷入了沉思。

就在这时，一个响亮的声音传了出来。

"禀告掌尊，我已经完成了第一题。"众人抬头望去，正是那林涛！

林元青接过林涛的答卷，目光一扫。

```
var str = "我是天下最帅的美男子林涛,哈哈哈!";     //字符串
var number = 10;        //10 以内的加减法根本难不住我
var flag = true;        //布尔值,true 和 false 两种状态
var a = null;           //空值
var b;                  //定义了一个变量,如果不赋值,就是未定义 undefined
```

林元青的目光中闪过一丝微不可查的赞赏，"嗯"了一声，就给林涛发了第二题。就这样，在众人"羡慕嫉妒恨"的目光中，林涛美滋滋地重新回到座位，开始解答第二题。这一切，叶小凡都充耳不闻，因为他的内心已经充满了好奇，终于，他目光一闪，开始了实验。

"我用 if 语句做判断，看看到底怎么回事。"说着，叶小凡快速地打出一段代码。

```
if("叶小凡"){
    alert("真");
}else{
    alert("假");
}
```

运行后，一个大大的"真"在弹窗中显现。

“嗯,不为空的字符串自然是真,这个不奇怪。那么,如果是空的字符串呢?”

```
if(""){
    alert("真");
}else{
    alert("假");
}
```

“咦,是假的,因为字符串是空的,这也可以理解。”

那如果是数字呢,数值型大概分为正数、负数和0,这三种情况又有什么区别呢?想到这里,叶小凡又开始了实验。

```
if(10){
    alert("真");
}else{
    alert("假");
}

if(-10){
    alert("真");
}else{
    alert("假");
}

if(0){
    alert("真");
}else{
    alert("假");
}
```

结果如图2-2、图2-3、图2-4所示。“嗯,0代表没有,所以是假的,另外两种情况则是真的。”叶小凡认真地做着记录,此刻的他,似乎忘记了自己是在考核,心中只是对自己的疑问充满了兴趣,像是在研究一个有趣的现象一般。

“字符串只要不为空,就代表真,否则代表假。数字只要不为0,就代表真,否则就是假。那么既然如此,字符串形式的0代表真还是假呢?”想到这里,叶小凡有点兴奋,两眼精光闪烁,迫不及待地开始了实验。

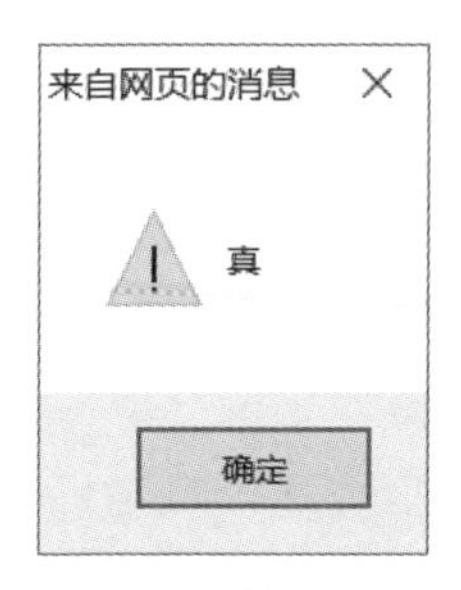

图 2-2　结果(1)

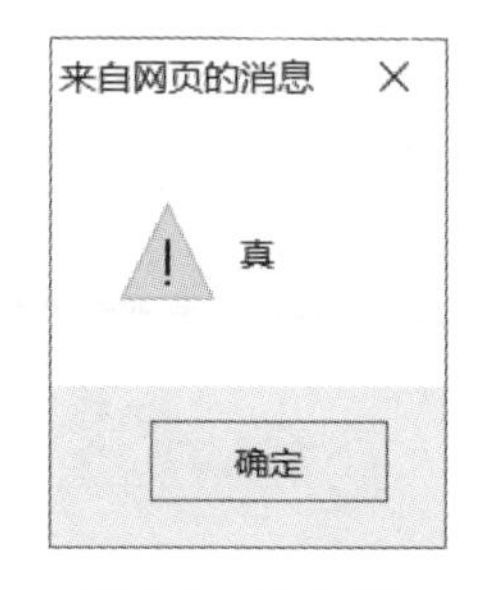

图 2-3　结果(2)

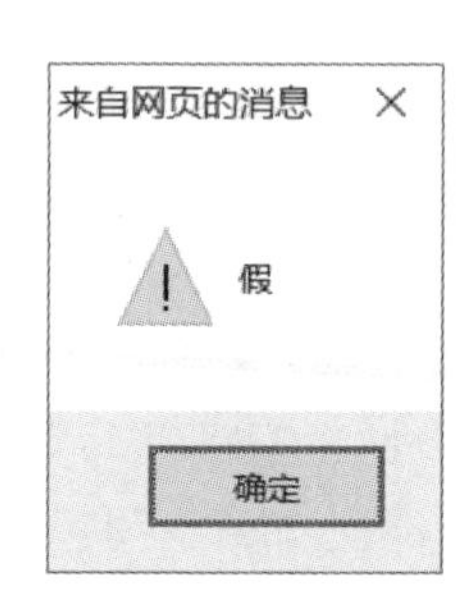

图 2-4　结果(3)

```
if("0"){
    alert("真");
}else{
    alert("假");
}
```

结果是“真”。叶小凡“嗯”了一声,这个结果并没有出乎他的意料。但是通过这一次实验,叶小凡对于数字、布尔值、字符串又有了新的明悟。最后是 null 和 undefined,这两个简单数据类型都代表了空值,但是 null 更多的是主动地将某个变量设置为空值,而 undefined 更多的是因为一些意外状况而出现的,比如一个变量已经定义了,却忘记给它赋值,于是它的值就是 undefined。叶小凡一丝不苟地将自己对于 null 和 undefined 的理解也写了上去。至于真和假的判断,null 和 undefined 都是空值,自然代表了假。这一点,叶小凡自然了解。就在这时,又是一声响亮的声音在考场内响起。

“掌尊,我已经完成了第二题!”

2.4　精度问题

不是林涛还能是谁?众人震惊,没想到在这么短的时间内林涛就已经完成了第二题!可是,林涛此刻的表情却没有了之前的傲然,而是多了一层疑惑。因为在他看来，这第二题太简单了。

“不就是简单的四则计算吗？这第二题实在是有点简单！10 以内的加减法如何能难得住我！就是有点奇怪，这第二题为何如此简单?”满腹疑惑的林涛如愿拿到了第三道考题。

林元青看向林涛的试卷，目中划过一丝失望，心中暗想：“此子心高气傲，太过粗心，还需好好调教才是。”

接着，陆陆续续有人提交第一道考题，换取第二道考题。林元青一份份检查，大部分人都只写出字符串、数值型和布尔型，忽略了 null 和 undefined，林元青轻轻叹了口气，把目光投向叶小凡。这时候的叶小凡再三检查无误后，终于提交了答卷。林元青微微点头，给了叶小凡第二题，然后随意地看了一眼叶小凡的答卷。

“此子基本功扎实，不错。”林元青看完叶小凡的答案后，颇感欣慰，抬眼看去，发现叶小凡已经开始认真地审查第二题，林元青的目光中闪过一丝期待，暗道：“不知这第二题，此子是否还能继续让我感到意外?”

叶小凡看着第二题，此刻也是心中凌乱，不是说这第二题有多难，而是不管是谁第一眼看到这第二题，都会觉得这也太简单了吧！

第二题。

```
<script>
    //计算 0.1 +0.2

</script>
```

此刻拿到第二题的众人也是心里阴晴不定，有疑惑的，也有暗自庆幸的。

“还好还好，这第二题只是考查最简单的四则运算，这一题我有绝对的把握。难怪那天之骄子林涛这么快就完成了此题。我也可以，哈哈。说不定本次考核我也可以拿到一个好的名次！”很多人都这么想。

叶小凡眉头一皱，心想这其中肯定有问题，不可能这么简单。不一会儿，就有很多人提交了第二题，成功拿到了第三题。那些提交上去的考卷，代码如出一辙地相似。

```
//计算 0.1 +0.2
var num01 = 0.1;
var num02 = 0.2

var total = num01 +num02;
```

这些都被林涛看在眼里，心中不由冷笑："哼哼，这道题其实每一个人都可以做出来，但是掌尊肯定在考查其他知识。我如今已有了幼儿园大班的巅峰实力，对于函数的使用也有了几分把握。这道题，我单独写了一个函数，然后把两个数值作为参数传递进去。如此一来，绝对能够入师尊的法眼！哈哈，你们这群菜鸟如何能跟我相比？"

林涛一想起自己的代码，心中的自信更浓。

林元青看着众人的代码，心中的失望也更浓，他又翻了翻林涛的代码。

```
var num01 = 0.1;
var num02 = 0.2

function add(a , b){
    var total = a +b;
    alert(total);
}
add(num01,num02);
```

林元青心中叹道："此子虽然没有领悟到我出这题的真正用意，可是最起码掌握了函数的用法，虽有瑕疵，但是也算不错了。"

叶小凡看着题目，心中疑惑更重。

"实在是奇怪，我先来看一看结果吧。"于是，叶小凡顺手打出一段代码。

```
var num01 = 0.1;
var num02 = 0.2;
alert(num01 +num02);
```

结果如图 2-5 所示。"什么，0.1 加 0.2 不是应该等于 0.3 吗？怎么会这样？"叶小凡瞪大了眼睛，露出难以置信的神色。

图 2-5　运行结果

这一幕被林元青看在眼里，眼睛一眯。

“看来此子已经发现问题了，好，就让我看看你准备如何解决这精度丢失的问题。”

2.5　化浮为整

叶小凡仍在钻研这道精度丢失的问题，忽然，他的眼中似乎闪过一丝明悟，暗自说道：

“等等，也许是我想得太复杂了，小数的计算虽然会丢失精度，可是之前对于整数的计算却没有这个问题。既然如此，我为何不把这两个小数换算为整数进行计算，大不了到时候再除以一个共同的倍数便是了！”

叶小凡越想越有道理，立刻按起手印，打出一串代码。

```
var num01 = 0.1;
var num02 = 0.2;

num01 = num01 * 10;
num02 = num02 * 10;

alert(num01 +num02);
```

结果如图 2-6 所示，“成功了！”

叶小凡十分欣喜，手上结印的速度更快了，将一个除法运算飞快地打出。

```
alert( (num01 +num02) / 10 );
```

结果如图 2-7 所示，叶小凡盯着自己的成果，欣喜之余又似乎觉得不够完美，比如，10 这个倍数如果每次都以一种字面量的形式出现，未免太过单调，万一场景变化了怎么办？比如，现在是 0.2 加 0.1，如果换成了 0.2 和 0.01 相加，那么这个 10 便不再适用。

图 2-6 运行结果

图 2-7 运行结果

“这个 10 不是确定的，应该根据两个相加的具体数值动态获取。比如，0.1 就是 10，0.01 就是 100。”叶小凡喃喃自语道。

“那么如果动态获取呢？首先，0.1 和 0.01 相比有什么相同之处？嗯，它们都是数字，这个太显而易见了。那么有什么不同之处呢？它们的位数不一样，0.01 比 0.1 多了一个 0。很好，最后一个问题，如何获取它们的位数呢？”叶小凡用法术显化出这两个字面量，忽然，他脑子中划过一个闪念，豁然开朗。

“对了，我更应该关心的是数字小数点后面的位数，小数点？对了，就是小数点！比如 0.01 是一个小数，也就是浮点数。如果要对其化浮为整，就要乘以 100，这个 100 怎么来的呢？不就是因为 0.01 的小数点后面有 2 位，所以就是 100 嘛！”

“很好，现在的问题就已经转换成如果获取小数点后面的位数了！我知道如何获取一个数字的位数，**只需要把数字当成字符串处理即可**，因为字符串有一个 length 属性可以告诉我它的位数。”

说着，叶小凡目光炯炯，开始操练起来。

```
var num01 = "0.01";
alert(num01.length);
```

结果是4,代表0.01这个字符串有4位。那么,如何获取小数点后面的位数呢?叶小凡脑袋中飞快地回忆《JavaScript基础修炼要诀》中关于字符串的相关功法。

"有了,**字符串有一个split函数**,可以把一个字符串通过某种规则和标记符号进行分隔,并返回一个数组。比如0.01,如果通过点号分隔,就会返回一个字符串数组,整个字符串数组里面应该会有2个字符串,一个是'0',另一个是'01'!"

```
var num01 = "0.01";
var num01_arr = num01.split(".");
```

"果不其然,经过点号分割后,0.01就被拆开了,变成了一个字符串数组[0,01],而我想要获得的是后面的01,因为数组下标是从0开始的,所以需要这样获取。"

```
var num01 = "0.01";
var num01_arr = num01.split(".");
var num01_arr_2 = num01_arr[1];
alert(num01_arr_2.length);
```

结果如图2-8所示。"成了!"叶小凡微微一笑。经过努力,叶小凡终于获取到了0.01这个数小数点后面的位数,2位就对应倍数100。如果现在要计算0.1加0.02,只需要先把这两个数中比较小的那个数字通过上面的方法求出倍数,然后将这两个数字都乘以这个倍数,就可以化浮为整了。因为整数的计算没有精度丢失的问题,所以可以放心大胆地进行计算,计算完成后,再将结果除以倍数就得到正确答案了!

图2-8 运行结果

2.6 函数的三大要义

"现在,化浮为整的方案我已经基本得出,接下来就要进行函数封装了。所谓函数,也是我最近几日才学习到的功法。就好像之前我研究的化浮为整，虽然能够实现功能，但是距离完美还远远不够。计算的数字千差万别，我不可能每次都手动地化浮为整，那样对我的法力消耗过大。但是如果我可以把这个过程封装为函数，效果就大大不同了。”

叶小凡调整了一下呼吸，重新盘膝坐好，想起了《JavaScript基础修炼要诀》中关于函数的说明：**函数之修，第一要义便是理解返回值、参数列表和函数体**。可以把函数想象成一个“黑盒子”，所谓参数，就是丢到这个黑盒子中的物体，可以是单个物体，也可以是多个物体。黑盒子的内部空间就是函数的函数体！在函数体中，可以对丢进来的参数进行处理，处理结束后，如果该函数的设计者认为需要将得到的某个结果从黑盒子中扔出，作为对于“黑盒子访问者”的奖赏，就可以使用return关键字将其抛出。

函数之修，第二要义便是业务逻辑，作为函数的设计者，必须清楚地明白自己设计这个函数是为了什么。叶小凡眼中一亮，想到了刚才化浮为整的过程，因为0.1和0.2都是小数，所以直接相加会产生精度丢失的问题，如图2-9所示。

为了解决这个问题，就要先把0.1和0.2都换算成整数进行计算，最后再除以一个倍数10。对于这种小数的计算，不妨设计一个通用的函数，将需要相加的参数传递进去，将化浮为整的逻辑就写在函数体中，最后将结果返回出去，岂不快哉？

```
> 0.1+0.2
< 0.30000000000000004
```

图2-9 运行结果

函数需要用function关键字定义，叶小凡思索片刻，心中了然，于是打出一段代码。

```
function add(num1,num2){
    //将数字转换成字符串
    num1 = num1.toString();
    num2 = num2.toString();

    //获取两个数字的小数点后面的位数
    var a = num1.split(".")[1].length;
    var b = num2.split(".")[1].length;

    //用 console.log 查看倍数
    console.log(a);
```

```
    console.log(b);

}
```

函数并没有写完，但是叶小凡不着急，因为他明白，在编写函数的时候，一定不能着急。在有了一个大概的目标和方向后，为了保险，应该写一点，测试一点。不求一口吃成个大胖子，只求已经写上去的代码都是经得起推敲和认证的。比如有一个修炼者，自恃武艺高强，一口气打出 100 行代码流，然而在第 5 行代码中出现了一个严重的错误，那么剩下的 95 行代码就是没有意义的。不仅如此，这个人很可能还会受到运功失败带来的强烈反噬！叶小凡深知这个道理，所以此时他不急着把剩下的代码敲完，而是先试着能不能正确获取传入的两个参数各自小数点后面的位数。在代码中，叶小凡用变量 a 和 b 存储获取的小数位数，然后用 console 对象的 log 方法打印出来。（读者只需要知道 console.log 函数可以将某个变量打印出来，在浏览器中，可以按下 F12 键找到 console 控制台，查看打印出来的数据，在此不做过多讲解。）

函数之修，第三要义便是函数的调用。要调用一个函数，只需要在函数的名称右边打一对小括号就行了。如果函数有一个参数，就在小括号中填入一个具体的数据，比如一个变量或者直接量。如果函数有多个参数，就在圆括号中填入多个具体数据，用逗号分隔。就比如下面这样。

```
var num1 = 10;
var num2 = 20;
add(num1,num2);
```

2.7　add 函数完成

叶小凡一边思索，一边继续编写代码。很好，现在已经可以获取传入的两个参数的小数点后面的位数了，接下来需要比较一下这两个位数谁大谁小。比如传进来的两个数据为 0.2 和 0.02，那么经过以下代码计算：

```
//获取两个数字的小数点后面的位数
var a = num1.split(".")[1].length;
var b = num2.split(".")[1].length;
```

结果就是 a=1,b=2,那么需要把 0.2 和 0.02 同时乘 100,变成 20 和 2,100 就是 2 个 10 相乘的结果,2 就是 a 和 b 之间较大的那个数。接下来计算 20+2=22,最后除以 100,得 0.22。思路渐渐清晰,叶小凡从容不迫地打出以下代码。

```
var max = a;            //先默认较大的位数为 a
if(a <b){               //如果 a 比 b 小,就把 b 赋值给 max(最大值)
    max = b;
}
//根据位数获得对应的 10 的幂数
//两个小数同时乘以倍数
//相加完毕后,再将结果除以倍数
```

这样一来,max 就是那个较大的位数,假如 max 为 2,那么就需要把 2 变成 100,也就是 10×10。同理,如果 max 为 1,那就是 10 了。具体逻辑如下所示。

max = 1 ---> 10

max = 2 ---> 10 × 10

max = 3 ---> 10 × 10 × 10

max = 4 ---> 10 × 10 × 10 × 10

max = 5 ---> 10 × 10 × 10 × 10 × 10

max = 6 ---> 10 × 10 × 10 × 10 × 10 × 10

如何实现这个逻辑呢? 叶小凡思索了一下,决定用 for 循环完成,于是他右手一挥,一段代码流便凭空出现。

```
//根据位数获得对应的 10 的幂数
var beishu = 1;
for(var i = 0;i <max; i++){
```

```
    beishu = beishu * 10;
}
```

假如传入的数字是0.2和0.02,那么max就是2,for循环会进去两次,每次都将倍数扩大10倍,获得的结果就是100。下一步就是把两个小数同时乘这个倍数。

```
//两个小数同时乘得到的这个倍数
num1 = num1 * beishu;
num2 = num2 * beishu;
```

最后,相加以后再除以倍数,把结果返回出去。

```
//相加完毕后,再将结果除以倍数
var sum = (num1 +num2) / beishu;
return sum;
```

叶小凡长出了一口气,额头已经微微冒汗,心里想:"终于把函数完成了,接下来就是测试。"

"嗯,是时候表演真正的技术了!"

只见叶小凡结起手印,开始调用函数!

```
alert(add(0.1,0.2));
```

结果如图2-10所示,一束蓝色光晕闪过,0.3的结果以弹窗的形式飞出。

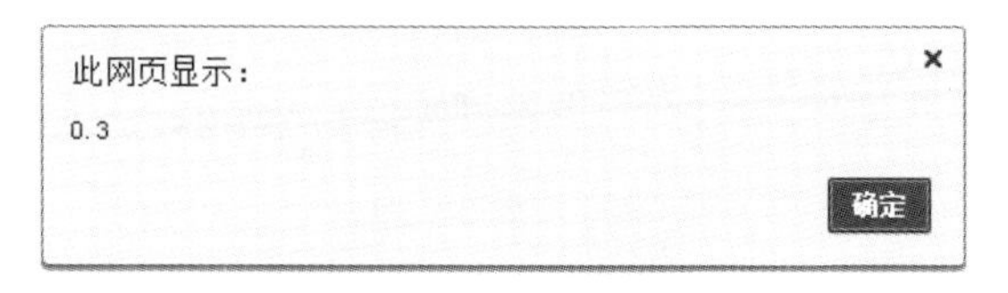

图2-10　运行结果

"成功了!"叶小凡十分欣喜。就在这个时候,他突然想到了另外一个问题。

"还有一个问题,这个函数现在虽然可以正确地计算0.1+0.2,但不知道它能否正确计算 1+0.2?”也就是说,如果传入的参数不是小数而是整数,又会怎样? 于是,叶小凡又开始测试。

“试试吧,说不定也可以呢!”

说着,叶小凡打出一段测试代码。

```
alert(add(1,0.2));
```

函数调用,发动!

这一次,一道红光一闪而过,叶小凡调用函数失败,当即受到反噬。

“糟糕,怎么会这样!”

2.8 函数调试

本节以 360 极速浏览器为例,借由主人公叶小凡的“**内功心法**”讲解 JavaScript 代码的调试步骤。基本步骤如下,打开浏览器后,按 F12 键进入开发者模式。调试界面如图 2-11 所示。

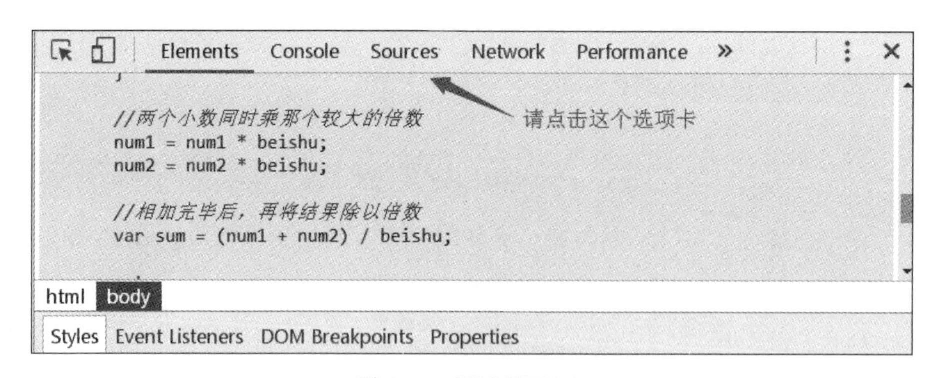

图 2-11 调试界面(1)

所谓程序断点,就是程序被中断的地方。比如,你在某一行代码上打了一个断点,当程序运行到这一行代码的时候就会停留。程序开发者可以在断点处对代码进行调试,使代码一行一行地走下去,看看什么地方出现了问题。

调试界面如图 2-12 所示。

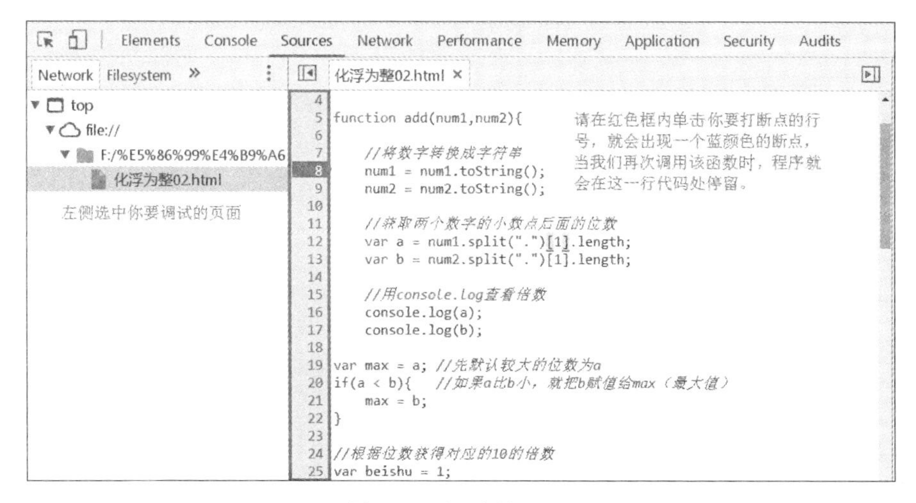

图 2-12　调试界面(2)

当程序运行后，就会在第 8 行中断。如果想要进行到下一步，就单击图 2-13 所示的框内按钮即可。

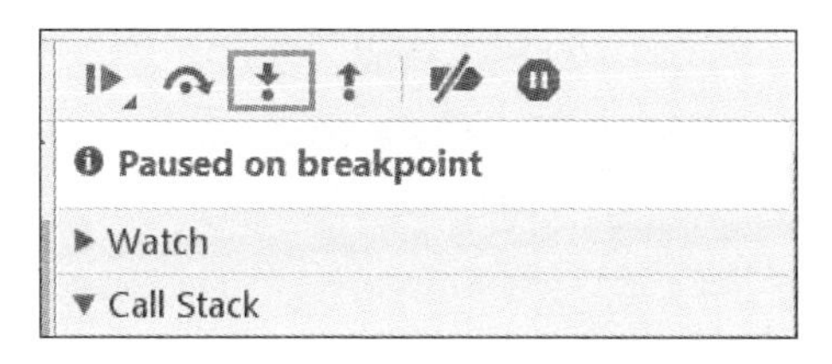

图 2-13　将程序进行到下一步

在这个调试面板上，最左边的按钮是全速运行。如果单击这个按钮，就会迅速地执行当前断点下面的所有代码。如果该断点下面没有其他断点，就会将剩下的程序全部执行完毕。如果下面还有其他断点，则会立刻跳转到下一个断点所在的行。还有一种情况，万一其中的某一行代码出错，就会在控制台给出一个红色的错误信息，然后强制结束程序调试。

叶小凡调用 add 函数，传入参数 1 和 0.2，结果函数报错，错误信息如下。

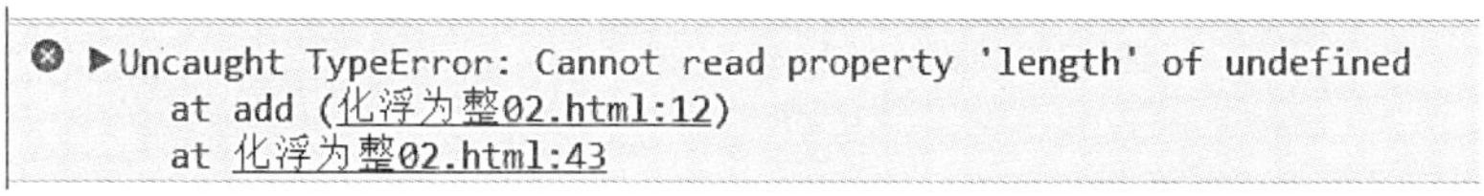

```
▶Uncaught TypeError: Cannot read property 'length' of undefined
    at add (化浮为整02.html:12)
    at 化浮为整02.html:43
```

图 2-14　错误提示

如图 2-14 所示，错误出在了第 12 行。

```
var a = num1.split(".")[1].length;
```

程序出错了，叶小凡当即运功对代码进行调试。首先，他在第 12 行打出一个断点，然后重新调用 add 函数。

“呵，看我函数调用！”

```
alert(add(1,0.2));
```

因为打了断点，所以这次叶小凡的心念可以仔细观察到代码的执行情况。

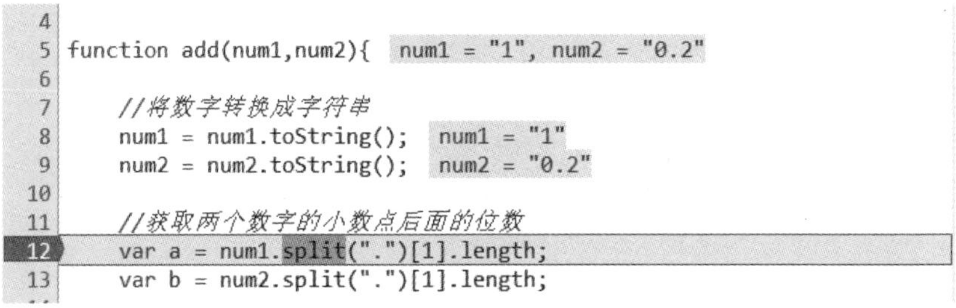

```
4
5  function add(num1,num2){  num1 = "1", num2 = "0.2"
6
7      //将数字转换成字符串
8      num1 = num1.toString();  num1 = "1"
9      num2 = num2.toString();  num2 = "0.2"
10
11     //获取两个数字的小数点后面的位数
12     var a = num1.split(".")[1].length;
13     var b = num2.split(".")[1].length;
```

图 2-15 调试界面(3)

调试界面如图 2-15 所示，叶小凡的心念紧跟代码，发现 num1 就是函数调用的时候传入的第一个参数 1，num2 则是 0.2，它们各自经过 toString 方法后，变成了字符串类型的“1”和“0.2”。现在代码停留在了第 12 行。

“很好，目前来看没有错误，现在让我走到第 13 行。走！”

就在这时，又是一束红光闪过，之前那个错误又出现在了叶小凡的眼前。

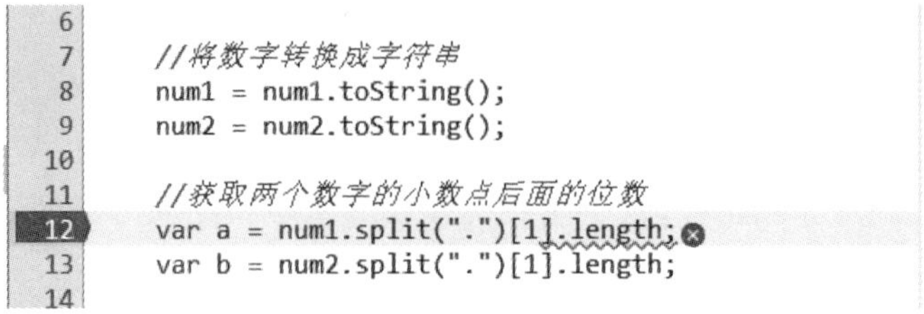

```
6
7      //将数字转换成字符串
8      num1 = num1.toString();
9      num2 = num2.toString();
10
11     //获取两个数字的小数点后面的位数
12     var a = num1.split(".")[1].length;
13     var b = num2.split(".")[1].length;
14
```

图 2-16 错误定位

```
> alert(add(1,0.2));
⊗ ▶Uncaught TypeError: Cannot read property 'length' of undefined
      at add (化浮为整02.html:12)
      at <anonymous>:1:7
```

图 2-17 错误信息

错误定位和错误信息如图 2-16 和图 2-17 所示。"怎么会这样,length 属性取不到,不是说字符串都有一个 length 属性吗?"叶小凡冷静下来开始思考原因。首先,但凡是字符串,都有一个 length 属性,这个是没有错的。比如,字符串"001",它的 length 属性就是 3。再比如,字符串"abcd",它的 length 属性就是 4。**length 属性代表了一个字符串的长度**。

结果如图 2-18 所示。"等等!既然没有 length 属性,那么岂不是说明 num1.split(".")[1]压根就不是字符串?"

```
> "001".length
<· 3
> "abcd".length
<· 4
```

图 2-18 运行结果

叶小凡两眼露出精光,感觉自己已经抓住了问题的要害。num1 就是我传进去的数字 1 经过 toString 方法得到的字符串"1",然后把"1"以"."进行分割。

"啊,我明白了,原来如此。num1.split(".")[1]这句代码的意思是将变量 num1 根据"."进行分隔。这个时候 num1 的值为 1,本来就没有点号。也就是说,给字符串"1"根据"."分隔,那么只会得到一个只有单个数据的数组:["1"]。又因为数组的下标是从 0 开始的,所以[1]代表从数组的第 2 个位置获取数据。可是 num1.split(".")得到的数组只有一个元素,换句话说,只有下标为 0 的位置才有数据,因此,强行去[1]的地方获取数据自然是不可行的,报错也自然在情理之中了。

2.9 indexOf 方法

叶小凡开始思索解决方案。

"之所以会出现这个问题,是因为我在编写代码的时候,想当然地认为传入的数字一定是小数。其实不然,传入的数字是整数的可能性还是很大的,那么该怎么办呢？有了，我不妨在获取小数位数之前判断一下，如果是小数，就按照原先的方法进行，否则就默认小数位数是 0！”

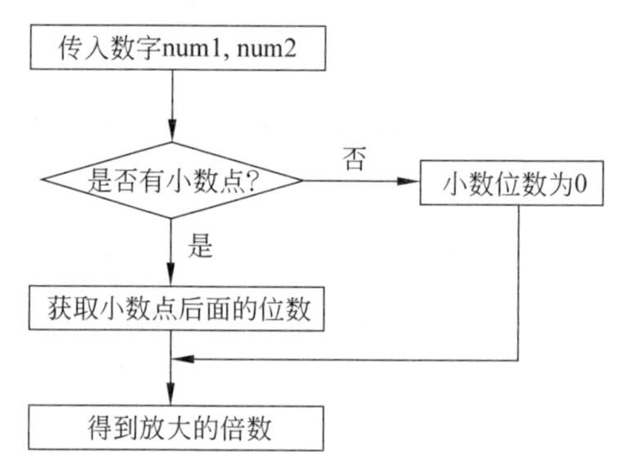

图 2-19　程序流程

程序流程如图 2-19 所示。“接下来的问题就是如何判断是否有小数点，我记得字符串对象有一个 indexOf 方法，说不定可以派上用场。”

根据自己的记忆，叶小凡开始缓缓回忆 indexOf 方法的使用法则。首先，只要是字符串，就会有 indexOf 方法。比如，现在定义一个字符串，然后调用 indexOf 方法。

结果如图 2-20 所示。indexOf 的意思是在原字符串中搜索一个特定的字符串，比如从“123456”中搜索“2”，如果存在“2”，就把这个字符串在原字符串中的位置返回。和数组一样，字符串的下标也是从 0 开始的。因此，用 indexOf 方法从“123456”中搜索“2”，返回的结果是 1，而不是 2。叶小凡暗想，关于 indexOf 的记载，在《JavaScript 基础修炼要诀》这本功法秘籍上也就仅此而已了。可能对于绝大多数的弟子而言，掌握到如此地步已是难得。要知道，方法就是函数，函数的调用需要打一个括号。即便是这些，也已经不是一个初学者所能觊觎和掌握的了。往往是那些天之骄子，比如林涛这般的幼儿园巅峰实力的修士才能掌握得了。

```
> var str = "123456";
  str.indexOf("2");
<· 1
```

图 2-20　运行结果

可能连叶小凡自己都没有想到，自己对函数的理解已经达到了幼儿园巅峰的境界。叶小凡是一个充满好奇心的人，凡事都喜欢多问几个为什么。叶小凡之前就在想，如果一个字符串调用 indexOf 方法查询某个匹配项，而这个需要查询的匹配项在字符串中不存在，那又会怎么样呢？

思考完毕，叶小凡立刻行动，打出以下代码并立刻执行。

```
> "abcd".indexOf("e");
<· -1
```

图 2-21 运行结果

结果如图 2-21 所示。"原来如此，**查询一个不存在的匹配项，得到的结果就是－1 啊！** 这就好办了，判断一个数字是否是小数，只需要用 indexOf 方法就可以了，用这个方法查询'.'，得到一个返回值。只要返回值不为－1，就说明有小数点。有小数点，那就说明这个数是小数。"

就是这么回事。叶小凡神情笃定，眉头开始舒展，沉默片刻后又开始运功，打出了一段代码。

```
//将数字转换成字符串
num1 = num1.toString();
num2 = num2.toString();

var a,b;                //分别记录 num1 和 num2 的小数位数

//判断 num1 是否为小数
if(num1.indexOf(".") !=-1){
    a = num1.split(".")[1].length;
}else{
    a = 0;
}

//判断 num2 是否为小数
if(num2.indexOf(".") !=-1){
    b = num2.split(".")[1].length;
}else{
    b = 0;
}
```

```
var max = a;          //先默认较大的位数为 a
if(a <b) {            //如果 a 比 b 小,就把 b 赋值给 max(最大值)
    max = b;
}

//根据位数获得对应的 10 的倍数
var beishu = 1;
for(var i = 0;i <max; i++) {
    beishu = beishu * 10;
}

//两个小数同时乘以那个较大的倍数
num1 = num1 * beishu;
num2 = num2 * beishu;

//相加完毕后,再将结果除以倍数
var sum = (num1 +num2) / beishu;
```

叶小凡观察着代码,和自己最开始的思路进行比对,确认没有问题后便着手测试。

"首先试一下相同位数的小数相加吧!"

话音刚落,叶小凡结起手印,两个小数瞬间出现在手掌中,在他的运功下传入 add 函数。执行函数:

```
add(1.01,2.02);
```

结果如图 2-22 所示。成功了,叶小凡淡淡一笑,再来一次位数不同的。

```
add(1.01,2.002);
```

结果如图 2-23 所示。也没有问题,很好,再来测试最后一个吧,如果两个小数的位数都是 3 位呢? 叶小凡再一次运功,执行函数:

```
> add(1.01,2.02);
<· 3.03
```

图 2-22　运行结果

```
> add(1.01,2.002);
<· 3.012
```

图 2-23　运行结果

```
add(1.001,2.002);
```

结果如图 2-24 所示。“噗!”叶小凡执行函数失败,遭到反噬!

```
> add(1.001,2.002);
<· 3.0029999999999997
```

图 2-24　运行结果

2.10　replace 方法

“怎么会这样,刚才明明都很顺利啊?”

叶小凡不禁陷入沉思,这个思路按理说没有问题,而且前两个计算结果都很准确。为什么在最后一次测试的时候遭遇了失败呢? 1.001 和 2.002 的小数点后面都是 3 位,看来 JavaScript 对于小数的精确计算还是有点问题。在这个测试案例中,放大的倍数都是 1000,也就是说,1.001 乘以 1000 本身就有问题。叶小凡随手打出一行代码。

```
alert(1.001 * 1000);
```

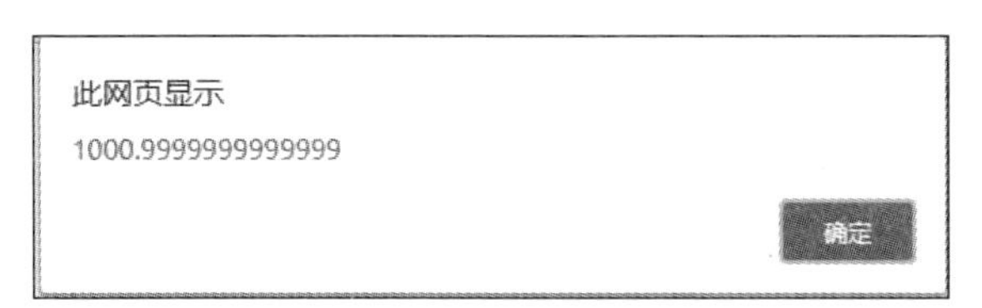

图 2-25　运行结果

结果如图 2-25 所示。果然出问题了,看来不仅是加减法,**小数乘除法的计算依然会有精度丢失的问题啊!** 叶小凡感慨,看来自己不得不换一种思路了。很快,叶小凡有了新的方案,那就是不作乘法,而是利用替换。简单来说,既然乘法有可能行不通,那么就干脆先把较小的那个数字中的小数点去掉,对较大的位数也是做相同的处理,把小数点去掉。因为位数较大的小数的小数位数比较小的多几位,所以多出来的部分就可以直接在位数较小的数字后面补零。

比如，现在有 2 个小数，分别为 1.001 和 2.2，先把 2.2 的小数点去掉，2.2 就变成了 22；然后把 1.001 的小数点也去掉，那么 1.001 就变成了 1001，为了保证位数的一致性，1.001 的小数位数比 2.2 多了 2 位，所以最后还需要在 22 后面补上 2 个零，变成 2200。

真是柳暗花明又一村，叶小凡越想越觉得这个方案可行，跃跃欲试。至于去除小数点的方法，叶小凡早就有了对策，那就是用字符串的 replace 方法。说起 replace 方法，它的用处可大了呢。比如说现在有一个字符串“abcd”，如果要把里面的 c 替换成大写的 C，变成字符串“abCd”，那么只需要调用字符串本身的 replace 方法，输入指令：

```
"abcd".replace("c","C");
```

就可以得到想要的结果了。没错，replace 方法就是这么强大，就是这么好用。这个方法需要传入 2 个参数，第一个参数是需要替换的内容，第二个参数是替换后的内容。但是这个方法有一个缺憾，那就是它只能匹配到字符串中的第一个匹配项，也就是说，如果原字符串里面有多个匹配项，那么就只有第一个匹配项会生效，剩余的匹配项则享受不到替换的待遇。比如，现在需要对字符串“abcdabcd”进行替换，将里面所有的 a 替换为 A，如果单纯用 replace 方法，效果是不尽人意的。

```
"abcdabcd".replace("a","A");
"Abcdabcd"
```

图 2-26　运行结果

结果如图 2-26 所示。“虽然 replace 方法不能全部替换，但是在当前的考核中，已经足够了。”叶小凡淡淡地说道。没错，现在需要做的就是靠 replace 方法去除数字里面的小数点。对于一个数字而言，它要么是整数，没有小数点；要么是小数，最多也就只有一个小数点。使用 replace 方法，确实是没有什么问题的。

2.11　重新开始

叶小凡不是一个喜欢空想的人，一旦笃定主意，他就一定会认真执行自己的构想。之前的做法的确有了一定的成果，但是却暴露出如此严重的 bug（错误），叶小凡决定果断舍弃之前的代码，另辟蹊径，从其他方向寻求突破。叶小凡这次的思路是将传入的 2 个参数 num1 和 num2 全部用 toString 方法转换成字符串，然后用 indexof 方法的魔力获取其各自的小数点位置。当然，如果传入的参数，也就是 num1 或者 num2 中间有一个是整数，那么 indexof 方法获取的就是 −1，即不存在。如果不存在，小数位数就是 0，否则就通过字符串截取函数 split 获取小数点的位数。

“函数定义，发动！”一声呼喝，叶小凡运功流畅，用 function 关键字打出了一个定义语句，赫然是 add 函数。

“参数列表，起！”add 是一个加法函数，用来接收参数 num1 和 num2。

代码已经浮现。

```
function add(num1,num2){
}
```

“很好，接下来用 toString 方法获取 2 个参数的字符串表现形式。”

```
//将数字转换成字符串
num1 = num1.toString();
num2 = num2.toString();
```

参数列表是一块预留的空间，当函数被真正调用的时候，它就会和参数列表里面的 num1 和 num2 一一对应起来。

“嗯，还是举一个实际的例子吧，不然有点抽象。”叶小凡随即右手一挥，凭空出现了 2 个数字，一个是整数 2，另一个是小数 1.01。

第一步，把它们全部转换成字符串，那就是“2”和“1.01”。嗯，这应该没有问题，toString 方法做的就是这个事情。第二步，获取它们各自的小数位数，2

是整数,没有小数位数,那就是 0。1.01 是小数,小数位数是 2。

“接下来,我要做的事情就是去掉 1.01 的小数点,用 replace 方法就可以办到,比如,我可以这样弄。”

```
"1.01".replace(".","");
```

“这样得到的结果就是字符串形式的 101 了。可是,2 是整数,去除小数点没有意义,为了保证位数的一致性,我还需要在 2 后面加两个 0。没错,不多也不少,就是两个 0。这两个 0 就是 2 和 1.01 的小数位数之差。我要想获取这个差值,就要先分别拿到 2 和 1.01 的小数位数。怎么拿呢?有了,就用字符串截取的办法。”

对于叶小凡而言,获取 1.01 的小数点后面的位数自然不是难事。这个操作需要使用 split 函数和 length 属性。split 函数是字符串本身自带的方法,可以根据某个标志对字符串自身进行切割,返回的对象是一个数字。

比如,切割一个日期“2018-08-05”,根据“-”进行切割,就会得到一个数组对象:[“2018”,“08”,“05”]。在当前的例子里,切割的对象是“1.01”,根据点号“.”进行切割,就得到了[“1”,“01”]。而对于“2”来说,因为它不是小数,所以压根就没有点号,即便用了 split 方法,得到的依然是自身,只不过它被装在了[“2”]数组里面。

“假设现在我已经切割成功,那么我就得到了[“1”,“01”]这样一个数组,那么该如何通过这个数组拿到其小数点后面的位数呢?有了,小数点后面无非就是 01,也就是这个数组中下标为 1 的元素(数组的下标是从 0 开始的)。字符串有一个属性是 length,可以获取字符串的位数。”经过反复思忖,叶小凡得到了如下代码。

```
//如果小数点存在,那么就再获取各自的小数位数
var ws1 = 0;
var ws2 = 0;
if (index1 !=-1) {
    ws1 = num1.split(".")[1].length;
}
```

```
    if (index2 !=-1) {
        ws2 = num2.split(".")[1].length;
    }
```

接下来就是比较谁的小数位数更大，可以用三目运算符迅速实现。

```
    //看谁的小数位数大，谁的小数位数小
    var bigger = (ws1 >ws2) ?ws1 : ws2;
    var smaller = (ws1 <ws2) ?ws1 : ws2;
```

接下来计算需要补 0 的个数，方法是大的小数位数减去小的。

```
    var zerosCount = bigger - smaller;
```

方法需要传进来 2 个数字 num1 和 num2，接下来要知道谁需要补 0，是 num1 还是 num2？换句话说，要知道 num1 和 num2 哪一个大，小的一方才需要补 0。叶小凡继续陷入沉思，然后坚定地打出一段代码。

```
    //好了，现在开始不管三七二十一，全部去除小数点
    num1 = num1.replace(".","");
    num2 = num2.replace(".","");

    //比较 num1 和 num2 谁大，比较方法就是看谁是 smaller，是 smaller 的一方就
    补 0
    if(ws1 ==smaller){
        for (var i = 0; i <zerosCount; i++) {
            num1 += "0";
        }
    }else{
        for (var i = 0; i <zerosCount; i++) {
            num2 += "0";
        }
    }
```

“成了，到目前为止，代码走到这里，num1 和 num2 一定是不带小数点的整数，接下来就可以放心地计算了，最后只要除以倍数就可以了。”叶小凡会

心一笑，手印却没有停止。

```
//开始计算
var sum = parseInt(num1) +parseInt(num2);

//根据较大的小数位数计算倍数
var beishu = 1;
for(var i=0;i<bigger;i++){
    beishu = beishu * 10;
}

sum = sum / beishu;
```

最终，叶小凡得到完整代码，大功告成。

```
<script type="text/javascript">

// 1.01  1.001

function add(num1,num2){

//将数字转换成字符串
num1 = num1.toString();
num2 = num2.toString();

//获取小数点的位置
var index1 = num1.indexOf(".");
var index2 = num2.indexOf(".");

//如果小数点存在，那么就再获取各自的小数位数
var ws1 = 0;
var ws2 = 0;
if (index1 !=-1) {
    ws1 = num1.split(".")[1].length;
}
if (index2 !=-1) {
    ws2 = num2.split(".")[1].length;
}
```

```
//看谁的小数位数大,谁的小数位数小
var bigger = (ws1 >ws2) ? ws1 : ws2;
var smaller = (ws1 <ws2) ? ws1 : ws2;

//计算得到需要补齐的 0 的个数
var zerosCount = bigger - smaller;

//好了,现在开始不管三七二十一,全部去除小数点
num1 = num1.replace(".","");
num2 = num2.replace(".","");

//比较 num1 和 num2 谁大,比较方法就是看谁是 smaller,是 smaller 的一方就补 0
if(ws1 ==smaller){
    for (var i = 0; i <zerosCount; i++) {
        num1 += "0";
    }
}else{
    for (var i = 0; i <zerosCount; i++) {
        num2 += "0";
    }
}

//开始计算
var sum = parseInt(num1) +parseInt(num2);

//根据较大的小数位数计算倍数
var beishu = 1;
for(var i=0;i<bigger;i++){
    beishu = beishu * 10;
}
sum = sum / beishu;
return sum;

}

alert(add(1.001,2.002));

</script>
```

“再用 1.001 和 2.002 进行测试吧！”说着，叶小凡又开始执行 add 函数。

图 2-27 运行结果

结果如图 2-27 所示。“成功了！”

就在这时，叶小凡听到了来自叶老的传音：“不错不错，小娃娃，没想到还真的被你给解出来了。孺子可教啊，哈哈哈！”得到了叶老的称赞，叶小凡心里还是相当舒服的。

“掌尊，我也完成了！”叶小凡走上前，将考卷递给林元青，林元青快速扫了一眼，心里微微惊讶，不过结合叶小凡之前在外门小比精选赛中的突出表现，倒也是见怪不怪了。

基础考核在半炷香后终于落下了帷幕，林涛和叶小凡都被提升为红衣弟子。

在自己的住所，叶小凡问了问叶老自己现在大概达到了什么境界。叶老不紧不慢地回答道：“跟随我叶老修行，进度自然不能与其他弟子相提并论。嗯，如果硬要说修行的境界，那么，我估计你就和你们的掌尊差不多吧，哦不，甚至更高！”

叶小凡：“……”

“这，这也太刺激了吧！”

第3章　jQuery和DOM

3.1　预备知识

从这一节开始将涉及jQuery和DOM编程，需要读者有一定的HTML和CSS基础，因此此处设置了预备知识的章节。如果你已经对HTML了如指掌，那么便可以忽略这个部分。

3.1.1　HTML基本结构

HTML的全称为HyperText Markup Language，也就是超文本标记语言。HTML文本是由HTML命令组成的描述性文本，HTML命令可以描述文字、图形、动画、声音、表格、超链接等，即平常上网时所看到的网页。

超文本标记语言是WWW的描述语言。设计HTML语言的目的是把存放在一台计算机中的文本或图形与另一台计算机中的文本或图形方便地联系在一起，形成有机的整体，人们不用考虑具体信息是在当前计算机上还是在网络中的其他计算机上。只需要使用鼠标在某一文档中单击一个图标，就可以马上跳转到与此图标相关的内容中，而这些信息可能存放在网络中的另一台计算机中。

以上是对HTML的标准解释，接下来简单地说一说什么是HTML。通俗来讲，HTML就是超文本标记语言。既然是超文本，那么它自然比通常使用的*.txt文件要强一些。我们知道，在计算机上创建一个"新建文本文档.txt"只能保存一些文字罢了。换句话说，如果想要改变文字的颜色、段落间距等，文本文件就无能为力了。如果想要画出一个好看的网页，除了文字之外，还需要超链接、图片、文字排版、页面布局等，这些都是文本文件无法实现的，而 HTML 的出现却可以让我们方便地画出漂亮的网页。

如图 3-1 所示是一个简单的网页。

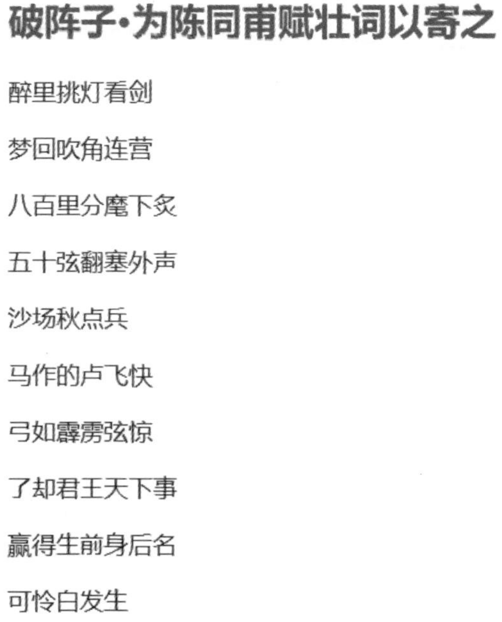

破阵子·为陈同甫赋壮词以寄之

醉里挑灯看剑

梦回吹角连营

八百里分麾下炙

五十弦翻塞外声

沙场秋点兵

马作的卢飞快

弓如霹雳弦惊

了却君王天下事

赢得生前身后名

可怜白发生

图 3-1　一个简单的网页

这就是最简单的 HTML 案例，以下是网页源代码。

```
<!--这一行是写给浏览器看的，即告诉浏览器当前页面是一个 HTML 页面 -->
<!DOCTYPE html>
<!--这是文档的根元素(也称节点或标签)，必须要有 -->
<html>

    <!--这个标签里面的配置是为了设置编码、标题等信息，也是写给浏览器看
的 -->
    <head>
        <!--
            作者:剽悍一小兔
```

```
            时间:2018-09-11
            描述:meta 标签等单一功能标签,不需要闭合
            所谓的单一功能标签,就是标签内部不需要放任何东西的标签
            一般而言,推荐在单一功能标签的最右侧加上一个反斜杠,表示直接
闭合
        -->
        <meta charset="UTF-8" />

        <!--title 标签用来设置网页的标题 -->
        <title>百度一下,你就知道</title>

    </head>

    <body>

        <!--
            作者:剽悍一小兔
            时间:2018-09-11
            描述:p 标签用来描述一段文本(段落)(自动换行)
        -->
        <h2><font color="bavy">破阵子·为陈同甫赋壮词以寄之</font
></h2>

        <!--font 标签专门用来描述普通文字,可以给文字添加 color 属性以
改变其颜色-->
        <p>醉里挑灯看<font color="#000">剑</font></p>
        <p>梦回吹角连营</p>
        <p>八百里分麾下炙</p>
        <p>五十弦翻塞外声</p>
        <p>沙场秋点兵</p>
        <p>马作的卢飞快</p>
        <p>弓如霹雳弦惊</p>
        <p>了却君王天下事</p>
        <p>赢得生前身后名</p>
        <p>可怜白发生</p>

    </body>

</html>
```

上述代码中几个关键的地方都写了注释，在 HTML 文件中，注释是用“<! -- 注释内容 -->”表示的。

HTML 是超文本标记语言。

超文本：功能比普通的文本更加强大。

标记语言：使用一组标签对内容进行描述的语言，它不是编程语言，而是一种解释性语言，它没有逻辑顺序，只有结构。在上例中：

```
<p>沙场秋点兵</p>
```

这个就是一个 p 标签，代表一个段落，标签需要由“开始”标记和“闭合”标记组成，需要显示的内容放在标签内部。正常情况下，所有标签都是需要闭合的，但是也有例外，比如单一功能标签可以不闭合。HTML 的总体结构是头部分和体部分，头部分就是上述代码中的 head 标签，体部分是上述代码中的 body 标签。

HTML 的一般结构如下。

```
<html><!--开始标签-->
    <head><!--头部标签-->
        <!--网页标题标签-->
        <title>网页标题</title>
    </head>
    <body><!--网页内容标签-->
        网页的主体内容
    </body>
</html><!--结束标签-->
```

3.1.2 创建第一个 HTML 文件

如何创建一个 HTML 文件？其实创建 HTML 文件是非常简单的，只需要随便在页面上新建一个文本文档，然后把它的扩展名改成 html 或者 htm 就可以了。可以使用文本编辑器编写 html 文件，但是这样操作就没有代码高亮的效果了，而且一些常用的 HTML 标签也没有提示。因此，在真正的项目开发中，可能会使用一些文本编辑工具或者 IDE 工具。目前比较常用的

HTML代码编辑器有EditPlus、Sublime、Hbuilder等。本章以EditPlus为例进行讲解。

EditPlus是一款由韩国Sangil Kim (ES-Computing)公司出品的小巧但却功能强大的可处理文本、HTML和程序语言的Windows编辑器,可以通过设置用户工具将其作为C、Java、PHP等语言的简单IDE。

EditPlus是一款功能强大、可取代记事本的文字编辑器,拥有无限制的撤销与重做、英文拼写检查、自动换行、列数标记、搜寻取代、同时编辑多文件、全屏幕浏览等功能。它还有一个好用的功能是监视剪贴板,同步于剪贴板可自动粘贴至EditPlus的窗口中,省去粘贴的步骤。另外,它也是一款非常好用的HTML编辑器,除了支持颜色标记、HTML标记,还支持C、C++、Perl、Java,另外,它还内建完整的HTML和CSS1指令功能,对于习惯用记事本编辑网页的用户,它可以帮你节省一半以上的网页制作时间,若用户安装了IE 3.0以上版本,它还会结合IE浏览器于EditPlus窗口中,让用户可以直接预览编辑好的网页(若未安装IE浏览器,也可指定浏览器路径)。因此,EditPlus是一款相当棒且多用途、多状态的编辑软件。

EditPlus的运行界面如图3-2所示,下载和安装完毕后,用户可以依次单击"文件""新建文件""选择HTML网页"按钮,生成一个新的网页文件,结果如图3-3所示。用图中的所有代码替换默认生成的代码,结果如图3-4所示。单击左上角的"地球"按钮,就可以查看网页的效果了,非常方便。结果如图3-5所示。

单击"地球"按钮后,"地球"按钮会变为"铅笔"按钮,再单击一下就可以回到之前的代码视图。如果顺利完成了这个步骤,那么恭喜你,你现在已经初步踏入HTML的世界了。

3.1.3 HTML排版标签

HTML中有很多标签可以用来对文字进行排版,每个排版标签又有对应的属性,标签拥有自己的属性,属性提供有关HTML元素的更多信息。属性总是以名称/值对的形式出现,比如:name="value"。属性总是在HTML元素的"开始"标签中规定。

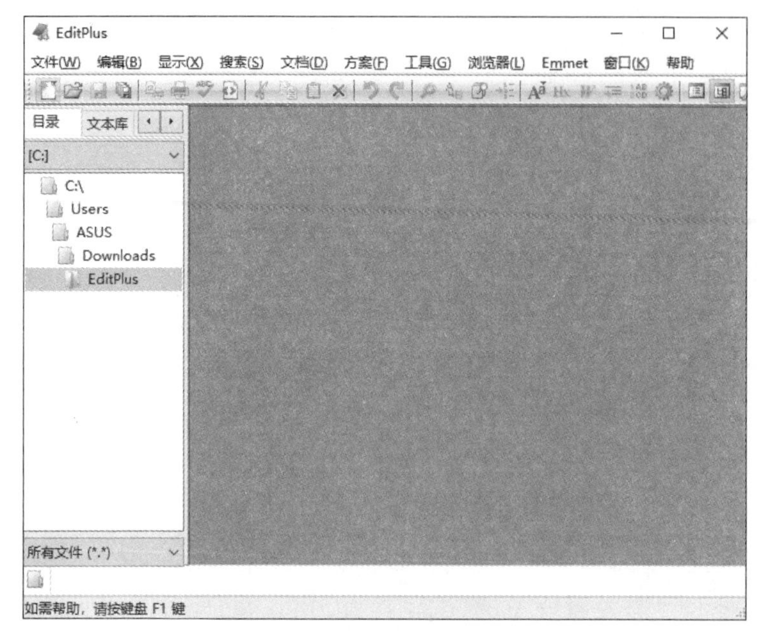

图 3-2　EditPlus 软件截图

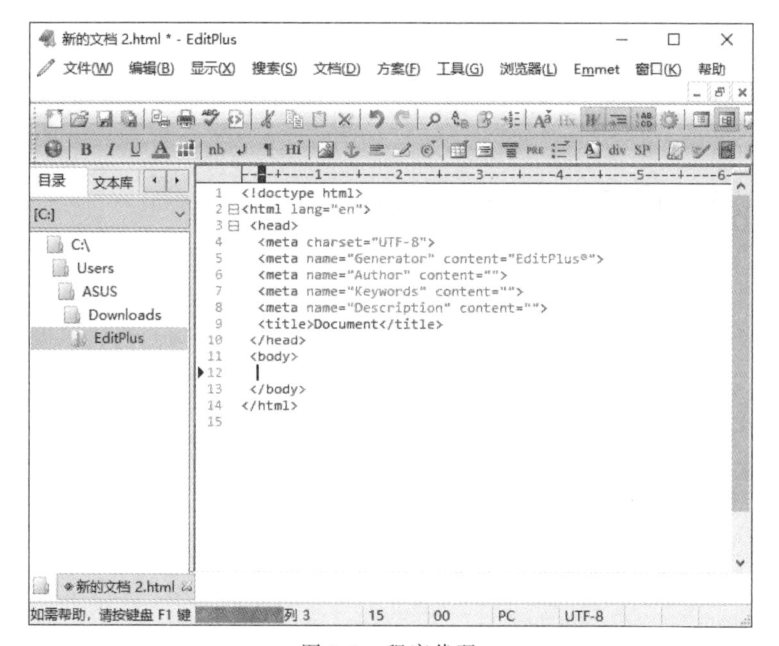

图 3-3　程序代码

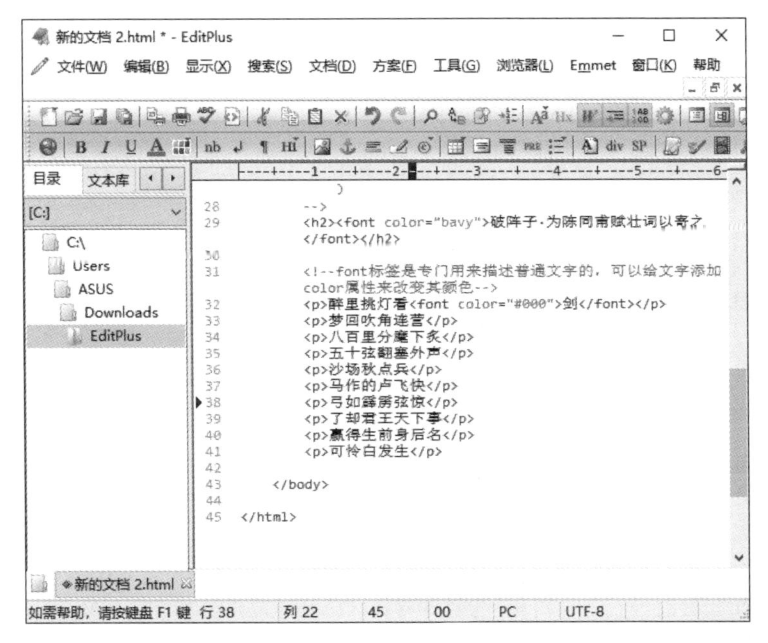

图 3-4 界面效果

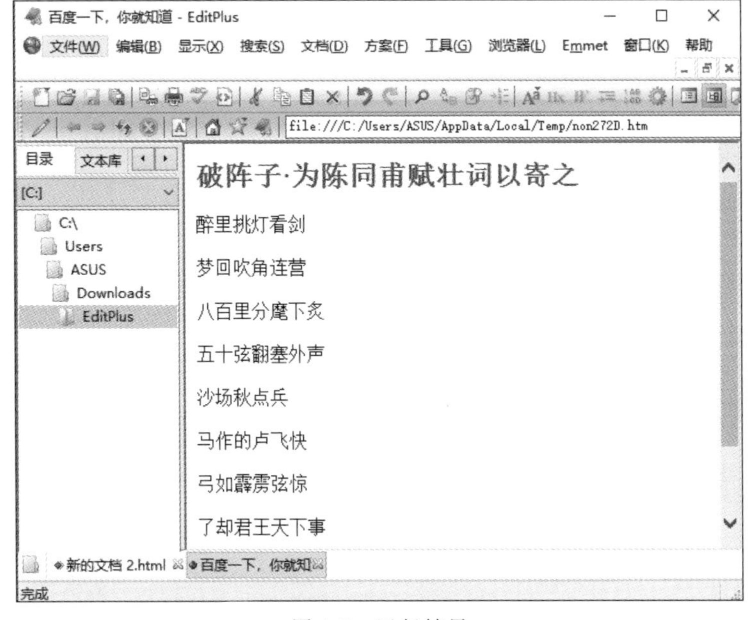

图 3-5 运行结果

1. 标题标签

从 h1～h6 逐渐变小。

特点：加粗且加黑显示，独占一行，每行与其他行之间有间距。

属性：align 表示取值 left(默认)/right/center。

2. 水平线标签<hr/>

属性：color 表示颜色。

size 表示粗细。

width 表示长度。

3. 段落标签<p></p>

特点：有段前、段后间距，独占一行。

4. 换行
换行操作的格式为

```
document.write(1 +"<br / >");
document.write(2);
```

5. 字体标签<font></font>

必须结合属性使用。

格式：<font 属性=值>字体内容</font>

属性：color 表示字体的颜色，可以使用英文单词或者十六进制。

size 表示字体大小。

face 表示设置字体。

6. 注释

格式：<! --注释-->。一般的 IDE 快捷键为 Ctrl+/。

7. 加粗<b></b>

加粗操作的格式为

```
var strTime="<strong>"+strHour+":"+strMinutes+":"+strSeconds+"
</strong>";
```

8. 倾斜<i></i>

倾斜操作的格式为

```
-webkit-transform: rotate(-20deg);
-moz-transform: rotate(-20deg);
transform: rotate(-20deg);
```

3.1.4 图片标签

HTML页面可以引入一张图片，当有此需求时，需要使用img标签。

<img/>标签的属性有以下几种。

(1) src(访问的图片的路径)。

路径分为相对路径和绝对路径。

相对路径：指定相对于当前文件的资源文件位置。

当前目录：直接写文件名称(文件名称包括后缀名)。

上一级目录：../文件名称(若返回多级，则加多个"../")。

下一级目标：目录名称/文件名称。

绝对路径：指定从盘符到资源文件的完整路径。绝对路径和相对路径的区别就是绝对路径的最左边有一个反斜杠"/"。

(2) width：设置图片的宽度。

(3) height：设置图片的高度。

一般情况下需要设置图片的width和height，防止布局杂乱。

(4) alt：当图片无法正常显示时给出提示信息，它的显示效果与浏览器有关。

(5) title：鼠标指针移动到图片上时显示的提示信息。

3.1.5 超链接标签

在 HTML 网页中，经常会有这样的需求：用户单击某一段文字，就产生了页面跳转。这样的功能一般都是用超链接实现的，结果如图 3-6 所示。

图 3-6 运行结果

这是一个关于 a 标签的简单案例，源代码如下。

```
<!DOCTYPE html>
<html>
    <head>
        <meta charset="UTF-8">
        <title>a 链接的使用教程</title>
    </head>
    <body>
        <!--
            作者:剽悍一小兔
            时间:2018-09-11
            描述:a 标签可以跳转页面
        -->
        <a target="_blank"  id="a01" title="123" href="01.html">
baidu</a><br>

        <!--
            作者:剽悍一小兔
            时间:2018-09-11
            描述:a 标签可以用来下载资源
        -->
        <a class="c1" id="a02" href="1.zip">下载精品 AVI 资源</a><br>

        <!--
            作者:剽悍一小兔
            时间:2018-09-11
            描述:a 标签可以用来播放多媒体文件(图片,音乐,视频)
        -->
        <a style='background:deeppink; color:white; '  id="a03"
href="mp3/1.mp3">播放音乐</a><br>
```

```
    </body>
</html>
```

首先介绍a标签的href属性,可以给a标签的href属性设置一个具体的网页地址或者某个资源的地址(包括zip压缩文件、图片、音乐MP3、电影MP4)。如果设置href="www.baidu.com",那么当用户单击这个超链接时,页面就会跳转到百度网站。如果链接的地址是一个压缩包,那么当用户单击这个超链接时,浏览器就会默认下载对应的资源。如果链接的地址是一个音乐文件或者电影文件,浏览器则开始播放音乐或者电影。因此,a标签的用处是非常大的。还需要注意的是,当a标签的作用是为了让用户在单击后跳转页面,那么究竟是从当前页面开始跳转,还是重新命令浏览器打开一个新的页面,然后在新的页面上跳转呢?可以给a标签设置一个target属性。如果target="_blank",则表示命令浏览器打开一个新的页面,在新的页面上跳转。如果不写target属性,则默认是从当前页面进行跳转。

下载资源截图如图3-7所示。

图3-7 下载效果

播放音乐的界面如图3-8所示。

3.1.6 table标签

HTML的table标签可以实现类似于Excel绘制单元格的功能。例如:

图 3-8　音乐播放器效果

用户可以绘制一个 3 行 2 列的表格，然后设置单元格的间距、表格的边框等属性。

1. 表格标签的格式

表格标签的格式如下所示。

```
<table>
    <tr>
        <td>单元格 1</td>
        <td>单元格 2</td>
    </tr>
</table>
```

2. 表格的属性

（1）table 标签的属性如下。

border 表示表格边框。

width 表示表格宽度。

height 表示表格高度。

align 表示水平方向的对齐方式。

bgcolor 表示背景色。

cellspacing 表示单元格与单元格之间的间距。

cellpadding 表示单元格与内容的填充。

（2）tr 标签的属性如下。

bgcolor 表示背景色。

align 表示本行文本对齐方式。

height 表示行高。

(3) td 标签上的属性与 tr 类似。

3. 单元格合并技术

在 td 标签上使用下列属性即可实现单元格合并。

跨列：colspan="值"。

跨行：rowspan="值"。

【案例一】

案例一的结果如图 3-9 所示。

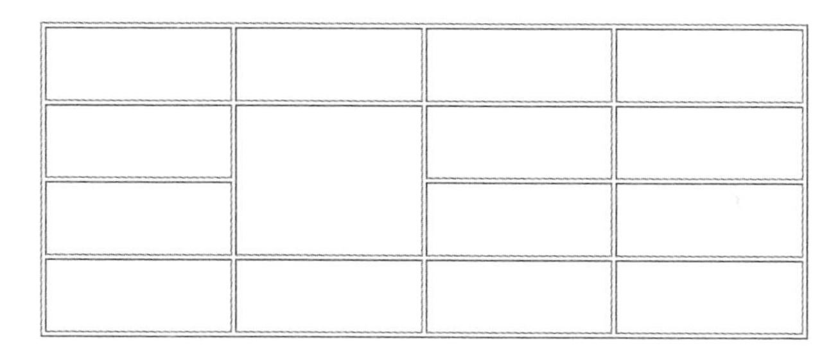

图 3-9 案例一运行结果

案例一的源代码如下。

```
<!doctype html>
<html lang="en">
    <head>
        <meta charset="UTF-8">
        <title>Document</title>
    </head>
    <body>

            <table align="center" height="200" width='500' border
='1'>
            <tr>
                <td></td>
                <td></td>
```

```
                <td></td>
                <td></td>
            </tr>
            <tr>
                <td></td>
                <td rowspan='2'></td>
                <td></td>
                <td></td>
            </tr>
            <tr>
                <td></td>

                <td></td>
                <td></td>
            </tr>
            <tr>
                <td></td>
                <td></td>
                <td></td>
                <td></td>
            </tr>

        </table>

    </body>
</html>
```

解析：这是一个 4 行 4 列的表格，因此在正常情况下是 4 个 tr，每个 tr 里面有 4 个 td。但是，因为需要让第 2 行第 2 列和第 3 行第 2 列合并，属于行合并，因此需要在第 2 个 tr 中的第 2 个 td 上设置 rowspan="2"，表示在这个位置向下合并一个单元格。这样一来，便需要在下一个 tr 上的对应位置删去一个 td，表示合并。

再来举一个稍微复杂的案例。

【案例二】

案例二的运行结果如图 3-10 所示。

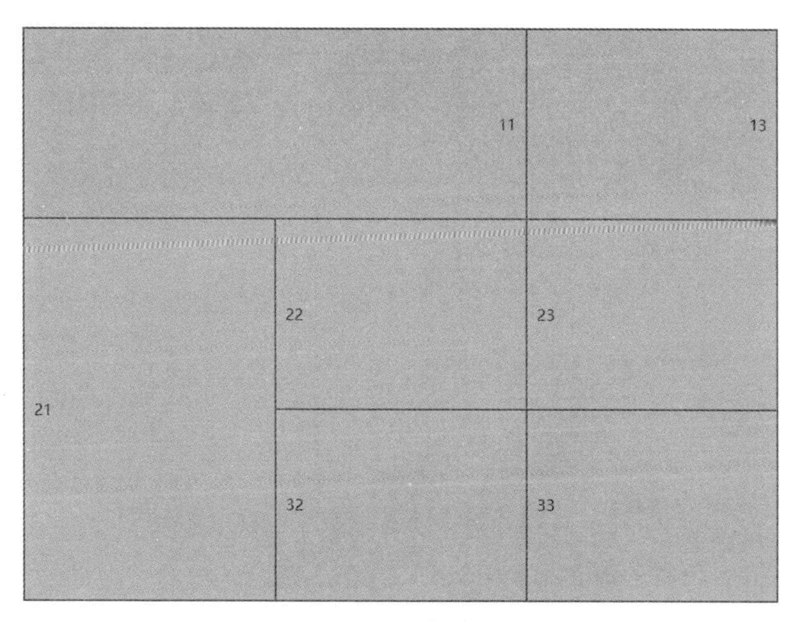

图3-10 运行结果

源代码如下。

```
<!doctype html>
<html lang="en">
  <head>
    <meta charset="UTF-8">
    <title>Document</title>
  </head>
  <body>
  <table height="600" width='800' align="center" border='1'
cellspacing='0' cellpadding='10' bgcolor="lightskyblue">
        <tr align="right">
            <td colspan='2'>11</td>
            <!--<td>12</td>-->
            <td>13</td>
        </tr>
        <tr>
            <td rowspan='2'>21</td>
            <td>22</td>
            <td>23</td>
```

```
            </tr>
            <tr>
                <!--<td>31</td>-->
                <td>32</td>
                <td>33</td>
            </tr>
        </table>
    </body>
</html>
```

利用这些 table 标签，以及行合并、列合并的技巧，可以实现各种各样的网页布局，其实，在早期的网页开发中，table 标签除了用来显示一些列表数据外，还可以用来布局。案例三就是用 table 标签制作的简单布局。

【案例三】

案例三的运行结果如图 3-11 所示。

赛事中心						
KPL职业联赛	KCC王者冠军杯	KOC王者城市赛	TGA大奖赛	QGC联赛	WGC精英赛	王者高校联赛

图 3-11　运行结果

源代码如下。

```
<html>
    <head>

        <meta charset="utf-8">
        <title>table 表格</title>

    </head>

    <body>

        <table  width='800' align="center" border='1' cellspacing
='0' cellpadding='10' >
            <tr>
```

```
                <td colspan='7'>
                    <img src="images/title.png">
                </td>

            </tr>
            <tr>
                <td><img src="images/1.png"></td>
                <td><img src="images/2.png"></td>
                <td><img src="images/3.png"></td>
                <td><img src="images/4.png"></td>
                <td><img src="images/5.png"></td>
                <td><img src="images/6.png"></td>
                <td><img src="images/7.png"></td>
            </tr>
        </table>
    </body>

</html>
```

3.1.7 表单元素

相信你在浏览网页的时候，经常会看到一些表单。比如，当你注册某一个网站的会员时，就需要填写一个表单，该表单里面有很多输入框，需要你在对应的输入框内填写自己的用户名、密码、邮箱等信息，还有一些表单元素是单选按钮、下拉框、复选框。正是由于表单的存在，使得网页和用户之间产生了一些交互元素。

关于form表单标签的介绍如下。

描述：<form>表单标签用来在HTML页面中创建一个表单，表单标签在浏览器上没有任何显示。如果数据需要提交到服务器，则负责搜集数据的标签必须存放在表单标签中。

属性：

（1）action属性：请求路径，确定表单提交到服务器的地址（路径）。

（2）method属性：请求方式，常用取值为GET、POST。

① GET：默认值。

特点：提交的数据追加在请求路径上。例如：/1.html? username=jack&password=1234，数据格式为 key/value 对，追加是使用“?”连接的，之后每一对数据之间都使用“&”连接。

因为请求路径的长度有限，所以 GET 方式提交的请求数据有限定。

因为要在地址栏中显示数据，所以数据的安全性不高。

② POST。

特点：提交的数据不在请求路径上追加（即不显示在地址栏中），数据的安全性更好，提交的数据无大小限定。

下面介绍可以在 form 表单中出现的 HTML 元素（标签）。

1. 输入域标签 input

input 标签一般用于获取用户输入信息，如果 type 属性值不同，则标签的展现形式和搜集的信息也不同，它是在页面中常用的标签。

（1）type 属性。

text：单行文本框，用户可以在其中输入文本，默认宽度为 20 个字符。

password：密码框，在该控件中输入的内容不会明文显示，以黑圆点显示。

radio：单选按钮，表示一组互斥选项按钮中的一个。当一个按钮被选中时，该组中之前选中的按钮会变为非选中状态。

submit：“提交”按钮，该按钮会把表单数据发送到服务器。一般不写 name 属性，否则会将“提交”两个字提交到服务器。

因为不同项目注册所需要的字段不同，需要完成的案例中没有覆盖所有表单元素，所以以下标签的使用也需要掌握。

checkbox：复选框，用法与 radio 基本一致，在一组复选框中可以选择任意多个选项。

file：文件上传组件，提供“浏览”按钮，可以选择需要上传的文件。

hidden：隐藏域，数据会发送给服务器，页面不进行显示。

reset：“重置”按钮，将表单恢复到初始状态。

image：图形“提交”按钮，通过 src 给按钮设置图片。

button：普通按钮，通常结合 JavaScript 实现动作效果。

(2) name 属性：元素名。如果需要将表单数据提交到服务器，则必须提供 name 属性值，服务器将通过该属性值获取提交的数据。

(3) value 属性：设置 input 标签的默认值。submit 按钮和 reset 按钮的 value 用来为设置按钮显示文字。

(4) size：元素的大小。

(5) checked：设置单选按钮或者复选框被选中。

(6) readonly：设置元素只读，不能输入。

(7) disabled：是否可用；添加该属性后，元素不可用。

(8) maxlength：允许输入的最大长度。

2. 下拉框标签

作用：展现下拉列表，可以进行单选或者多选；需要结合子标签＜option＞指定每一个列表项。其中，标签的属性如下。

(1) name：用于确定将数据发送给服务器时的参数名称。

(2) multiple：若不写该属性，则默认是单选；若取值为 multiple，则表示多选。

(3) size：多选时，可见选项的数目。

(4) 子标签＜option＞：下拉列表中的每一个选项，属性如下。

① selected：勾选当前列表项。

② value：发送给服务器端的选项值。

3. 文本域标签

多行文本框，可以输入任意多的文本信息，属性如下。

(1) cols：文本域的列数。

(2) rows：文本域的行数。

接下来用 form 表单和 table 标签结合的方式完成一个简单的登录页面。

【案例四】

案例四的运行结果如图 3-12 所示。

请输入用户名：	Jack
请输入密码：	•••
请输入个人介绍：	
请选择您的爱好：	钓鱼 LOL 王者荣耀
请选择您的性别：	男 女 保密
请选择收货地址	---请选择省份---- ---请选择城市---- ---请选择区---- 请输入详细地址（具体到街道、门牌号）
	登录

图 3-12　运行结果

源代码如下。

```
<!doctype html>
<html>

    <head>
        <meta charset="utf-8">
        <title>表单的演示</title>
    </head>

    <body>
```

```
        <form action='login.php' method='GET'>

            <table border='1' cellpadding='10'>
                <tr>
                    <td>请输入用户名:</td>
                    <td><input value='Jack' type='text' name=
'username'></td>
                </tr>

                <tr>
                    <td>请输入密码:</td>
                    <td><input value='123' type='password' name='
password'></td>
                </tr>

                <tr>
                    <td>请输入个人介绍:</td>
                    <td><textarea name='description' rows='10'
cols='50'></textarea></td>
                </tr>
                <tr>
                    <td>请选择您的爱好:</td>
                    <td>

                        <label><input type='checkbox' name='hobby'
value='fishing'>钓鱼</label>
                        <label><input type='checkbox' name='hobby'
value='lol'>LOL</label>
                        <label><input type='checkbox' name='hobby'
value='timi'>王者荣耀</label>

                    </td>
                </tr>

                <tr>
                    <td>请选择您的性别:</td>
                    <td>
```

```
                        <label><input type='radio' name='gender'
value='1'>男</label>
                        <label><input type='radio' name='gender'
value='2'>女</label>
                        <label><input type='radio' name='gender'
value='3'>保密</label>
                    </td>
                </tr>

                <tr>
                    <td>请选择收货地址</td>
                    <td>

                        <select name='province'>
                            <option>---请选择省份----</option>
                            <option value='江苏省'>江苏省</option>
                        </select>

                        <select name='city'>
                            <option>---请选择城市----</option>
                            <option value='常州市'>常州市</option>
                        </select>

                        <select name='area'>
                            <option>---请选择区----</option>
                            <option value='武进区'>武进区</option>
                            <option value='新北区'>新北区</option>
                            <option value='天宁区'>天宁区</option>
                            <option value='钟楼区'>钟楼区</option>
                        </select>
                        <br><br>
                        请输入详细地址(具体到街道、门牌号)
                        <br><br>
                        <textarea name='address' rows='10' cols='
50'></textarea>

                    </td>
```

```
            </tr>

            <tr align='right'>
                <td colspan='2'><input type='submit' value='登
录'></td>
            </tr>

        </table>
    </form>

</body>

</html>
```

3.1.8 CSS基础

CSS(Cascading Style Sheets)通常称为CSS样式或层叠样式表，主要用于设置HTML页面中的文本内容（字体、大小、对齐方式等）、图片外观（高度、边框样式、边距等）以及版面布局等的外观显示样式。

CSS可以使HTML页面更美观，CSS色系的搭配可以让用户在视觉体验上更舒服，CSS+DIV布局更加灵活，更容易绘制出用户需要的结构。

样式：给HTML标签添加需要显示的效果。

层叠：使用不同的添加方式给一个HTML标签添加样式，最后将所有样式叠加在一起，共同作用于该标签。

使用HTML时，需要遵循一定的规范。CSS亦是如此，若想熟练使用CSS对网页进行修饰，首先需要了解CSS样式规则。CSS的具体格式如下。

```
选择器{
    属性1:属性值1;
    属性2:属性值2….
}
```

在上面的样式规则中，“选择器”用于指定CSS样式作用的HTML对象，大括号内是对该对象设置的具体样式。属性和属性值以键值对的方式出现，使用英文“:”号进行分隔。多个属性之间使用“;”号进行分隔。

CSS样式有多种使用方式，最简单的方式就是直接在对应的HTML标签上添加一个style属性。比如，现在有一个div标签：

```
<!doctype html>
<html lang="en">
  <head>
    <meta charset="UTF-8">
    <title>Document</title>
  </head>
  <body>
     <div>你好呀，欢迎来学习CSS!</div>
  </body>
</html>
```

如果希望该一级标题的颜色变成蓝色、字体加粗，就可以给它添加一个style属性，然后在这个属性的属性值中写上对应的CSS样式即可。

```
<div style="color:blue;font-weight:600;">你好呀，欢迎来学习CSS!</
div>
```

结果如图3-13所示。

你好呀，欢迎来学习CSS!

图3-13 运行结果

其中，color和font-weight都是CSS样式，前者用来设置字体的颜色，后者用来设置字体的粗细。

其实，细心的你可能已经发现，本章在前面的几个小节中已经运用了这种方式，不是吗？

```
<h2><font color="bavy">破阵子·为陈同甫赋壮词以寄之</font></h2>
```

这种直接在标签上添加style的方式称为**行内样式**。下面举一个行内样式的例子。

```
<h1>静夜思</h1>
<p>床前明月光</p>
<p>疑是地上霜</p>
```

```
<p style="font-size: 40px; color: orange;">举头望明月</p>
<p>低头思故乡</p>
```

结果如图3-14所示。

静夜思

床前明月光

疑是地上霜

举头望明月

低头思故乡

图3-14 运行结果

现在开始提问：如果希望让每行诗句都和第三句的样式保持一致，那么该怎么做呢？最简单的方式就是给每个段落都加上相同的行内样式，代码如下。

```
<h1>静夜思</h1>
<p style="font-size: 40px; color: orange;">床前明月光</p>
<p style="font-size: 40px; color: orange;">疑是地上霜</p>
<p style="font-size: 40px; color: orange;">举头望明月</p>
<p style="font-size: 40px; color: orange;">低头思故乡</p>
```

当然，这样做肯定是没有问题的，但是这样一来就会显得代码特别烦琐。更好的解决方案是：在网页的某个地方单独设置p标签的样式。这就需要使用**内嵌样式**了。内嵌样式又称内部样式，是指将CSS代码集中写在HTML文档的<head>头部标签中，并使用<style>标签定义。比如，我们可以这样写：

```
<!doctype html>
<html lang="en">
  <head>
    <meta charset="UTF-8">
```

```
    <title>Document</title>
    <style>

        /* 在这里统一设置 p 标签的样式 */

        p {
            font-size: 40px;
            color: orange;
        }

    </style>
  </head>
  <body>

     <div style="color:blue;font-weight:600;">你好呀,欢迎来学习
CSS!</div>
        <h1>静夜思</h1>
        <p>床前明月光</p>
        <p>疑是地上霜</p>
        <p>举头望明月</p>
        <p>低头思故乡</p>
  </body>
</html>
```

得到的效果是一样的,如图 3-15 所示。

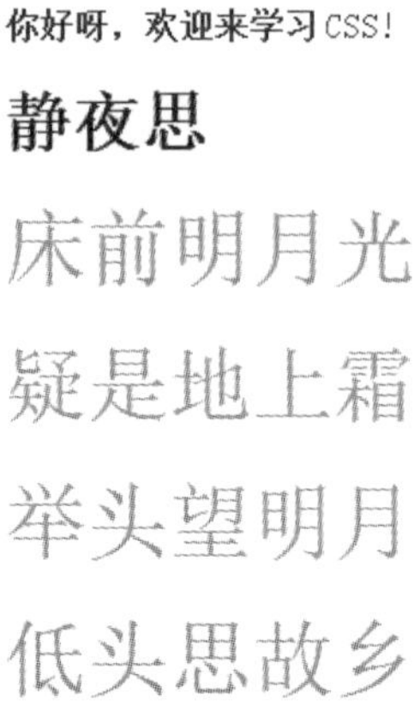

你好呀,欢迎来学习 CSS!

静夜思

床前明月光

疑是地上霜

举头望明月

低头思故乡

图 3-15 运行结果

这种编写方式使代码量减少了很多,页面看起来也比较清爽。内部样式可以为不同的选择器设置样式,刚才写的:

```
p {
    font-size: 40px;
    color: orange;
}
```

其实也属于选择器,称为标签选择器。标签选择器作用于该页面中所有相同的标签元素。也就是说,如果给p标签设置了一些样式,那么当前页面中的所有p标签都会应用这套样式。但这样会导致一个问题,那就是如果页面中存在不希望应用该样式的p标签,那就麻烦了。因此,一般很少直接使用标签选择器,除非运用诸如reset.css的样式重置技术。在上面的例子中,CSS样式的写法完全遵循推荐的格式,这样写看起来比较清楚,每行代码看上去都明明白白。其实,在某些情况下,为了节省服务器带宽,也可以将多条CSS样式代码放在同一行,比如:

```
p {font-size: 40px;color: orange;}
```

这种方式称为CSS压缩。你可能会发现,在一些CSS框架和库中,里面的CSS文件的名称都会带上一个min.css的后缀,比如jquery.easyui.min.css、layui.min.css、mui.min.css。像这些样式表文件,它们就是已经经过压缩的CSS文件了,里面的代码基本上都放在了同一行,这样做既能减少和清除代码中多余的空格和空行,也不会影响CSS的功能。

除了标签选择器外,还有**类选择器**。类选择器主要作用于同一类名的元素,类选择器的使用过程分为两步:第一步是在页面元素上添加class属性并取值;第二步是在样式表中通过class名称编写样式表。

正如上面的例子,为了不影响页面中的所有p标签,可以在每个p标签上添加一个相同的class。

```
<h1>静夜思</h1>
<p class='line'>床前明月光</p>
```

```
<p class='line'>疑是地上霜</p>
<p class='line'>举头望明月</p>
<p class='line'>低头思故乡</p>
```

然后在内嵌样式中给 line 设置样式。

```
.line {font-size: 40px;color: orange;}
```

效果也是一样的。

和类选择器类似的有 ID 选择器。ID 选择器一般在页面中的某个元素与其他元素样式都不相同时使用,使用过程与类选择器类似：第一步是在元素上添加 id 属性并取值;第二步是在样式表中使用#id 名称编写样式表。

例如下面这段代码。

```
<!doctype html>
<html lang="en">
  <head>
    <meta charset="UTF-8">
    <title>Document</title>
    <style>

        /*在这里统一设置p标签的样式*/

        .line {font-size: 40px;color: orange;}

        #title {color:blue;font-weight:600;}

    </style>
  </head>
  <body>

      <div id="title">你好呀,欢迎来学习 CSS!</div>

<h1>静夜思</h1>
<p class='line'>床前明月光</p>
<p class='line'>疑是地上霜</p>
```

```
<p class='line'>举头望明月</p>
<p class='line'>低头思故乡</p>

  </body>
</html>
```

本书只对CSS的基础知识进行简单论述，读者如果想要学习更多关于CSS的知识，可以自行阅读其他书籍。

3.1.9 jQuery简介

作为一名合格的前端工程师，几乎不可能没听过jQuery的大名。jQuery是一个快速、简洁的JavaScript框架，是继Prototype之后又一个优秀的JavaScript代码库(或JavaScript框架)。jQuery的设计宗旨是“Write Less, Do More”，即倡导写更少的代码，做更多的事情。jQuery封装了JavaScript常用的功能代码，提供了简便的JavaScript API，优化了HTML文档操作、事件处理、动画设计和Ajax交互。

jQuery的核心特性可以总结为：具有独特的链式语法和短小清晰的多功能接口；具有高效灵活的CSS选择器进行扩展；拥有便捷的插件扩展机制和丰富的插件。jQuery兼容各种主流浏览器，如IE 6.0+、FF 1.5+、Safari 2.0+、Opera 9.0+等。

简单来说，jQuery到底能干什么，为什么要用jQuery呢？作为前端工程师，难免需要编写网页。网页就是HTML，在大部分时候，网页都需要一些动态的效果，以及和用户进行一些交互。最基本的，比如你用input画了一个按钮，当用户单击这个按钮需要发生什么交互？诸如这样的情况，就需要编写JavaScript脚本让静态的网页“动”起来。再比方说，你要操作某一个HTML标签，在某一个时刻变化颜色，这该怎么做呢？首先，你肯定要用JavaScript代码获取这个元素。HTML标签只是一些由尖括号和属性组成的结构化标记而已，你要做的就是获取这些标签，并变成JavaScript代码可以识别的东西——DOM元素，然后用脚本操作这些DOM元素就可以了。而这个过程，虽然用原生的JavaScript代码也可以办到，但是有些麻烦。那些原生的

JavaScript代码和DOM元素的属性大多名字很长，不好记忆。比如根据ID获取一个DOM元素，你可能会这样写：

```
document.getElementById('ID的值');
```

而如果使用jQuery，你只需要这么写：

```
$('#ID的值');
```

哪一种方式更加方便好记，一目了然。jQuery是一个非常优秀的JavaScript库，它提供了大量的方法，可以让读者非常方便地操作DOM元素。jQuery的选择机制构建于CSS的选择器，它提供了快速查询DOM文档中的元素的能力，而且大大强化了JavaScript中获取页面元素的方式。而且，jQuery还提供了一些展现动画效果的方法，许多网站都使用了jQuery的内置效果，比如淡入淡出、元素移除等动态特效。在开发服务器的时候，jQuery也有非常大的优势，比如Ajax异步刷新技术，在jQuery里面只需要调用一个优雅的Ajax方法即可。

Ajax是异步的JavaScript和XML的简称，利用它可以开发出非常灵敏、无刷新的网页，特别是在开发服务器端网页时，比如PHP网站，需要往返地与服务器通信，如果不使用Ajax，则每次更新数据时不得不重新刷新网页，而在使用Ajax后，可以对页面进行局部刷新，提供动态的效果。

原生态的Ajax操作是比较晦涩难懂的，比如你可能会遇到这样的代码：

```
var Ajax={
  get: function(url, fn) {
    //XMLHttpRequest对象用于在后台与服务器交换数据
    var xhr = new XMLHttpRequest();
    xhr.open('GET', url, true);
    xhr.onreadystatechange = function() {
      //readyState ==4说明请求已完成
      if (xhr.readyState ==4 && xhr.status ==200 || xhr.status ==
304) {
        //从服务器获得数据
```

```
        fn.call(this, xhr.responseText);
      }
    };
    xhr.send();
  },
  //datat 应为'a=a1&b=b1'这种字符串格式,在 jQuery 里,如果 data 为对
    象,则会自动将对象转换成这种字符串格式
  post: function (url, data, fn) {
    var xhr = new XMLHttpRequest();
    xhr.open("POST", url, true);
    //添加 http 头,发送信息至服务器时内容编码类型
    xhr.setRequestHeader("Content-Type", "application/x-www-
form-urlencoded");
    xhr.onreadystatechange = function() {
      if (xhr.readyState ==4 && (xhr.status ==200 || xhr.status ==
304)) {
        fn.call(this, xhr.responseText);
      }
    };
    xhr.send(data);
  }
}
```

而使用 jQuery 提供的 Ajax 方法只需要在直接调用后传参即可。

```
$.ajax({
    url: ,
    type: '',
    dataType: '',
    data: {

    },
    success: function(){

    },
    error: function(){

    }
})
```

jQuery 提供了各种页面事件，它可以避免程序员在 HTML 中添加太多的事件处理代码，最重要的是，它的事件处理器消除了各种浏览器兼容性问题。jQuery 可以修改网页中的内容，比如更改网页的文本、插入或者翻转网页图像，jQuery 简化了原本使用 JavaScript 代码需要处理的方式。

总之，jQuery 是强大而且好用的，学习 jQuery 一定不会让你后悔！

以上是进入正文前需要读者了解和掌握的预备知识，接下来开始正式的章节。

3.2 简南

过了不长的时间，外门小比的日子终于到了。这段日子，叶小凡可谓是出尽了风头，作为这一届新人最大的黑马，他的风头更是压过了曾经的天才弟子赵牛。就连在内门修炼的赵牛也听闻了叶小凡的名字，不过赵牛心性超然，根本没有任何嫉妒，只是说了一句“叶小凡如此上进，是我门派之福”。至于林涛，虽然他在基础考核中和叶小凡一并晋升为红衣弟子，但是当他在后来听说了叶小凡的考核成绩，尤其是在他亲自看过叶小凡的考卷后，就开始暗下决心闭关苦修，后来再也没有人见过他在外面晃悠。也得亏叶小凡有叶老这个老怪物辅导，否则他也不会进步得如此神速，叶小凡依旧保守着叶老的秘密，不曾和任何人谈起。

这一天，是千鹤派和紫云派新人弟子间的较量之日。武斗场设置在一个空旷的盆地，简南和叶小凡已经就位。但是两人的心态却完全不同，简南作为紫云派新一代的希望和超级新星，根本就没有把叶小凡看在眼里。只见简南一头乌黑茂密的秀发，身材挺拔，有着一双流星般的虎目，站在场上气势十足。

反观叶小凡，他身着平时穿的普通衣服，更关键的是，就在刚才他还打了一个哈欠，明显一副没有睡醒的样子。叶小凡的头发也乱糟糟的，仿佛好几天都没有洗。其实这也不怪叶小凡，因为就在早上，他还在和叶老讨论某一个技术问题呢。在他看来，这场比斗实在是挺没劲的，自己只要稍微表现，然后低调胜出就可以了。说实话，前几次他自己感觉也确实有些太高调了。

“哎,我怎么就这么出色呢,看来一个人太优秀也是一种烦恼啊。”叶小凡深深地叹了一口气。

“喂,对面的那个谁,叫什么叶小凡是吧? 现在认输还来得及,跟我比,你是一点机会都没有的。”简南不屑地朝着叶小凡说道。

本次外门小比的题目是 jQuery 编程! 这部分内容,叶小凡在叶老的指点下,早就达到了融会贯通的境界。

3.3　jQuery 选择器

“我是紫云派长老青木,第一题就由我来出吧。”说话的人是一位老者,他身穿一件石青色梭布绸衫,腰间绑着一根玄青色荔枝纹大带,只见他一跃而起,来到场地中间,说道:“虽然我是紫云派的人,但是我也不会偏袒我派弟子,这第一题,就考一考 jQuery 的选择器吧。你们先各自说一说对 jQuery 选择器的理解吧。”

“选择器,这有何难。”简南率先答道,“要谈 jQuery 选择器,首先得说说 CSS 的选择器。我知道的 CSS 选择器有 ID 选择器、类选择器还有标签选择器。jQuery 选择器的作用是方便地获取某个 HTML 标签对应的 DOM 元素。姓叶的,我的解说,你听懂了吗?”说完,简南把目光投向了叶小凡。

“你说得比较笼统,接下来轮到我了。先不说那么大的概念,我就从 CSS 开始说起吧。”叶小凡稍微整理了一下思路,继续侃侃而谈。

“首先,CSS 是啥? 如果把 HTML 比作一个网页的骨架,那么 CSS 就是给这个骨架披上了一件美丽的外衣。比如我现在有一个 div。”说着,叶小凡打出了一段代码。

```
<div></div>
```

“这是一个空的 div 标签,里面什么都没有,页面上自然也是什么也没有的。但是我刚才说了,HTML 代码是网页的骨架,虽然这个标签中什么内容都没有,但是毕竟已经有了骨架,我只要在这个骨架的基础上添加对应的 CSS 外衣就可以了。比如,我可以给这个 div 添加一个行内样式。方法就是在

head 标签内添加一个 style 标签块，然后在 style 标签块中写上 div 的通用样式。比如我设置这个 div 是一个边长为 200px 的正方形，背景色为 #666。"

```
<!doctype html>
<html lang="en">
  <head>
    <meta charset="UTF-8">
    <title>Document</title>
    <style>

  div {
      width:200px;
      height:200px;
      background:#666;
  }

    </style>
  </head>
  <body>

      <div></div>

  </body>
</html>
```

结果如图 3-16 所示。

"好，那现在问题来了，我刚才是直接设置 div 的样式为 width：200px；height：200px；background：#666；，为什么我会写 div 呢？那是因为我在 body 标签中确实写了一个 div 标签，哪怕它里面什么都没有，但是它仍然是一个 div 标签。我要给这个 div 标签加上对应的样式，就需要先找到这个标签。**这个寻找的方式和规则，就是 CSS 选择器！**"

图 3-16 运行结果

```
div {
    width:200px;
    height:200px;
    background:#666;
}
```

“寻找的规则是 div，也就是说，所有标签里面写着 div 的元素，我都要为它们设置样式，是这个意思。这种选择器就叫作**标签选择器**。除了标签选择器，还有你方才说的 ID 选择器和类选择器，我分别用案例演示一下。”说着，叶小凡打出了一段代码。

```
<!doctype html>
<html lang="en">
  <head>
    <meta charset="UTF-8">
    <title>Document</title>
    <style>

    #a {
        width:200px;
        height:200px;
        background:#666;
    }

    </style>
  </head>
  <body>

     <div id="a"></div>

  </body>
</html>
```

“这个是 ID 选择器，接下来是类选择器。”

```
<!doctype html>
<html lang="en">
```

```
  <head>
    <meta charset="UTF-8">
    <title>Document</title>
    <style>

  .a {
      width:200px;
      height:200px;
      background:#666;
  }

    </style>
  </head>
  <body>

      <div class="a"></div>

  </body>
</html>
```

“两者的区别就是，ID选择器是唯一的，说得简单些，就是不同元素之间ID属性的值不能相同。可是类选择器没有这个限制，如果用类选择器，那么所有使用同一个class的元素都可以运用同一套样式。除了这两种选择器，还有群组选择器、后代选择器和通配符选择器。”

“什么？！”简南吃了一惊，因为方才叶小凡所说的后面几种选择器，他并没有听说过。

“先说说群组选择器，就是指多个选择符运用同一种样式，比如现在有这样的一个例子。”

```
<!doctype html>
<html lang="en">
  <head>
    <meta charset="UTF-8">
    <title>Document</title>
    <style>
```

```
        .a {
            width:200px;
            height:200px;
            background:#666;
        }

    </style>
  </head>
  <body>

    <div class="a"></div>
    <div class="b"></div>
    <div class="c"></div>
  </body>
</html>
```

“在这个例子中，只有 class 为 a 的 div 有样式，另外两个没有样式，如果我希望让 class 为 b 或 c 的 div 元素也拥有 a 的样式，就可以运用群组选择器了。比如，我可以这样写。”

```
.a,.b,.c {
    width:200px;
    height:200px;
    background:#666;
}
```

“不同的选择符用逗号分隔，就形成了群组选择器。”

“好吧，那后代选择器呢？”简南问道。

“如果一个标签里面嵌套了另外一个标签，那么里面的标签可以认为是外面标签的后代，比如一个 div 里面有一个 span 标签，那么这个 span 标签就是 div 的后代。”

```
<!doctype html>
<html lang="en">
  <head>
```

```
    <meta charset="UTF-8">
    <title>Document</title>
    <style>
        .outer {
            width:200px;
            height:200px;
            border:1px solid #666;
        }
        .outer .inner {
            height:30px;
            display:block;
            background:pink;
        }
    </style>
  </head>
  <body>
      <div class="outer">
          <span class="inner"></span>
      </div>
  </body>
</html>
```

效果如图 3-17 所示。

图 3-17　后代选择器

"最后是通配符选择器，它会将页面中的所有元素都作为选择符，也就是说，它对一切元素都有效果，比如我可以这样写。"

```
* {
    padding:0;
    margin:0;
}
```

“这段代码代表清除一切元素的内边距和外边距。”

“以上的CSS选择器，jQuery都是支持的，jQuery的选择器会自动处理浏览器的兼容性问题，如果我需要用jQuery操作某一个HTML元素，第一步需要做的事情就是通过jQuery选择器获取这个元素。比如现在页面上有一个按钮，如果需要在单击这个按钮后触发某一段JavaScript代码，最容易想到的办法就是直接给这个按钮添加一个单击事件，也就是onclick属性。”

```
<!doctype html>
<html lang="en">
  <head>
    <title>Document</title>
    <meta charset="UTF-8">
    <script typet="text/javascript" src="http://libs.baidu.com/
jquery/1.9.1/jquery.min.js"></script>
    <script>

        function func(){
            alert('你还真敢试啊,溜了溜了!');
        }

    </script>
  </head>
  <body>

    <input onclick='func();' type='button' value='点我试试?'>

  </body>
</html>
```

“这段代码就是将JavaScript代码和HTML耦合在一起的写法，当我单击按钮的时候，就会调用func函数了。”

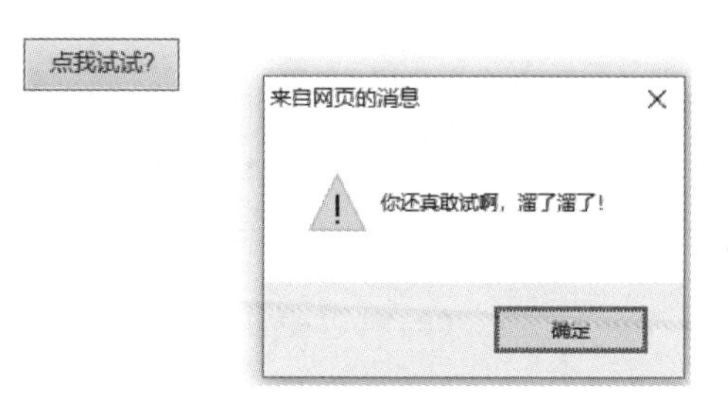

图 3-18　弹出警告窗口

结果如图 3-18 所示。“这种方式虽然可以实现预期的效果，但它并非是最佳的。因为很多时候，我们都希望让 HTML 代码和 JavaScript 代码完全分离，这样的页面看起来会比较清爽和整洁。如果我现在要用 jQuery 完成同样的功能，就要分为两步。第一步是用 jQuery 选择器获取这个按钮；第二步是给这个按钮添加一个单击事件。”说完，叶小凡立即动手，打出了代码。

```
<input id='btn' type='button' value='点我试试?'>
<script>
    $('#btn').click(function func(){
        alert('你还真敢试啊,溜了溜了!');
    });
</script>
```

“我这是用了 CSS 的 ID 选择器，jQuery 也支持这种写法，先用 jQuery 特有的‘$’，再在右边打一个括号，括号里面可以写上对应的 CSS 选择器。我给 input 标签加上了 id 属性，属性值为 btn，所以括号里面我就写 # btn。$('# btn')代表获取到了页面上的按钮，接下来需要使用 jQuery 的 click 方法，里面的参数是一个回调函数，作为这个按钮的单击事件。”

看着叶小凡的代码，简南心里咯噔一下，这段代码他自己也是可以写出来的，只是没想到叶小凡竟然也能有这样的理解和功力。于是，简南绞尽脑汁想要让叶小凡出丑，就问道：“慢着，你这段代码有一个地方挺有趣的，你为什么要把用 jQuery 添加单击事件的代码放在 input 标签下面呢？如果放在上面行不行？我的意思是，你可以把它放在 head 标签里吗？”

“这样是不行的，因为浏览器在解析代码时是一行一行地往下执行的，当它执行到这一段代码的时候。”

```
$('#btn').click(function func(){
    alert('你还真敢试啊,溜了溜了!');
});
```

“如果JavaScript代码下方的按钮还没有被加载,那么$('#btn')就没有办法获取对应的按钮对象,既然如此,还怎么给它添加单击事件呢?结果肯定是不行的,所以我把它放在了下面。不过,如果你硬要把它放到JavaScript代码的上方,也不是不行,只需要写一个DOM加载完毕后的监听函数就可以了。”说着,叶小凡随手打出代码。

```
<!doctype html>
<html lang="en">
  <head>
    <meta charset="UTF-8">
    <title>Document</title>
    <script src="jquery-1.11.2.min.js"></script>
    <script>
  $(document).ready(function(){
      //这里的代码会在所有元素加载完毕后再执行
      $('#btn').click(function func(){
          alert('你还真敢试啊,溜了溜了!');
      });
  });
    </script>
  </head>
  <body>
      <input id='btn' type='button' value='点我试试?'>
  </body>
</html>
```

“$(document).ready方法接收一个回调函数,它会等页面上所有的**DOM资源**(不包括图片这种占用带宽的资源)全部加载完毕后,再调用这个回调函数。这样一来,就不用考虑在绑定事件的时候某个HTML元素还没有被加载的情况了。”

简南看着叶小凡，不再言语，他心里明白叶小凡说得在理，而且他分明感受到，如果让自己来说，还不一定有叶小凡说得这么详尽呢。

3.4 使用 jQuery 操作 DOM

3.4.1 查找元素

紫云派长老望着场上两人，心知刚才的对决完全是叶小凡占据了上风，实在没有想到千鹤派什么时候出了这么厉害的一个弟子。不过没有关系，紫云派长老深知自己的得意门生简南真正熟练的是 jQuery 的 DOM 操作，只要接下来的问题都往 DOM 元素的方向靠，绝对可以奠定比赛胜局。

“叶小凡，接下来，我们比比用 jQuery 操作 DOM 元素吧。为了方便比试，我先来画一个 HTML 页面。”说着，只见简南三下五除二，运用熟练的功法就完成了一个 HTML 页面。

```
<h2>法宝列表</h2>
<ul>
    <li>天马妖焰钟</li>
    <li>流魂歧霞伞</li>
    <li>天网奇火石</li>
    <li>混沌秘霖扇</li>
    <li>昊天粗琉斧</li>
</ul>
```

“叶小凡，接下来我们就比比怎么用 jQuery 获取 ul 中的第 2 个 li 元素，并且把它里面的文本用 alert 函数弹出来。我先来，首先获取 ul 元素。”

```
var ul = $('ul');
```

“然后调用 jQuery 对象的 find 方法，继续查找里面的所有 li 元素。”

```
var lis = ul.find('li');
```

“嗯，这样就得到了所有的 li，但是我要获取的是第 2 个 li 元素，那么就用

jQuery 对象的 eq 方法。”

```
var li = lis.eq(2);
```

“eq 方法针对 jQuery 选择器获取众多元素的情况，可以传入一个数字，表示要从这一堆元素中筛选出其中的某一个元素。最后再用 text 方法，就可以获取这个 li 元素内部的文本了！”

```
alert(li.text());
```

“怎么样，DOM 操作可是难不倒我的，叶小凡，你应该也认识到了你我之间的实力差距，你，是不可能赢我的。”简南得意洋洋地看着叶小凡，感觉自己终于可以扳回一局了。谁知叶小凡竟然连看都没有看他一眼，而是盯着代码，悠悠地来了一句：“我建议你先运行一下这个代码。”

“什么？运行代码？哼，不用你说我也会运行它的！”说着，简南运功执行了代码，只见弹出来的竟然是“天网奇火石”，而不是预期的“流魂歧霞伞”！

“这，怎么会这样！”简南惊呼。紫云长老看着这一切，暗自叹了一口气，其实刚才简南的代码中有一处明显的错误，要是换作平时的简南，应该能够注意到，只不过今天，他在面对叶小凡的时候，在第一个回合就败了，而且是惨败，这让他变得有些不冷静。

“这个孩子，太急于证明自己了，心性还需要多多磨炼。”紫云长老心中思忖。

叶小凡接过简南的代码，说道：“你的思路虽然大致不错，可是却忘记了一点，就是这里。”

```
var li = lis.eq(2);
```

“lis 是 jQuery 通过标签选择器，是在父元素 ul 的基础上进行的一次选择，得到的结果是一个类似数组的对象。既然是数组，那么下标就应该是从 0 开始的，也就是说第 2 个 li 元素应该写 eq(1)，而不是 eq(2)。”说着，叶小凡将代码顺手改了过来。

```
$(document).ready(function(){
    //这里的代码会在所有元素加载完毕后再执行
    var ul = $('ul');
    var lis = ul.find('li');
    var li = lis.eq(1);
    alert(li.text());
});
```

法宝列表

- 天马妖焰钟
- 流魂歧霞伞
- 天网奇火石
- 混沌秘霖扇
- 昊天粗琉斧

图 3-19　运行结果

结果如图 3-19 所示。"其实,除了这种方式,还有一个更加直观的方法。"说完,叶小凡重新打出一段代码。

```
var text = $('ul li:eq(1)').text();
alert(text);
```

"这个方法是直接使用后代选择器选择所有 li 元素,然后用 eq 方法即可。当然,也可以这样写。"

```
var text = $('ul li').eq(1).text();
```

3.4.2　查找属性

"好,算你说对了! 接下来,我们比比用 jQuery 查找元素的属性吧!"简南说着,就把之前的 HTML 代码改动了一下。

```
<h2>法宝列表</h2>
<ul>
    <li id="a1">天马妖焰钟</li>
```

```
    <li id="a2">流魂歧霞伞</li>
    <li id="a3">天网奇火石</li>
    <li id="a4">混沌秘霖扇</li>
    <li id="a5">昊天粗琉斧</li>
</ul>
```

“这一次，你来出题吧。”简南对叶小凡说道。

叶小凡看了一下，感觉自己这么出风头，实在有些不好意思，就随便说了句。

“那就寻找最后一个li元素的id属性值吧。”

简南思索了一下，说道：“刚才数组下标的问题是我疏忽了，这一次我可不会重蹈覆辙。”说完，简南立刻打出了一段代码。

```
var id = $('ul li').eq(4).attr('id');
alert(id);
```

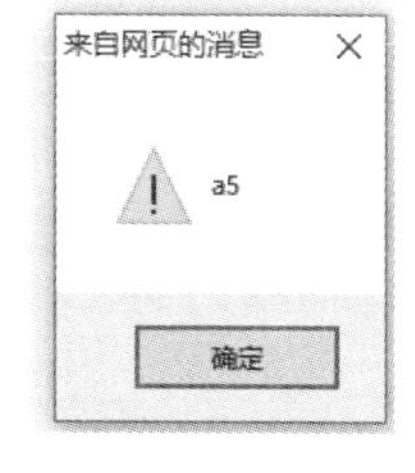

图3-20　运行结果

结果如图3-20所示。“嗯，这样做自然是对的，可是万一我事先不知道一共有多少个元素，那怎么办？你这样写，是因为你知道一共有5个li，所以下标你就直接写了4。”

“这……这个……”简南苦思冥想了一会儿，忽然两眼闪出精芒，兴奋地说道：“我想起来了，用jQuery选择器获取的对象一般都有一个length属性，如果有多个元素，则通过length属性就可以知道一共有多少个啦。比如，我这样写。”

```
var len = $('ul li').length;
var id = $('ul li').eq(len -1).attr('id');
alert(id);
```

这一段代码刚写出来，叶小凡也不禁高看了简南一眼，不愧是紫云派的超级新星，看来还是有两把刷子的。

“嗯，这样固然可以解决刚才的问题，可是，你难道不觉得把 $('ul li')写了 2 次有点重复吗？”

“呃，还真是，$('ul li')表示用 jQuery 选择器选择的对象，每写一次就要重新选择一次，这样写的确有点浪费时间了。那么，我就直接在上面定义一个变量，把选择的结果保存下来吧。”

```
var $li = $('ul li');
var len = $li.length;
var id = $li.eq(len -1).attr('id');
alert(id);
```

“嗯，厉害厉害，我没有问题了。”叶小凡心里其实想到了一种更快速的办法，但是没有说出来，这种方法就是用 jQuery 的一种特殊选择器直接获取最后一个元素。

```
var id = $('ul li:last').attr('id');
alert(id);
```

“哎，算了，我也不跟他争了。低调，低调。”叶小凡心里暗暗想道。

这一切都被紫云派长老看在眼里，他对叶小凡顿时产生了浓厚的兴趣。“这个叶小凡不一般啊，他刚才的问题，分明是在一步一步地引导简南发现之前未发现的问题。有趣，真是有趣！”

3.4.3 链式调用

“好小子，既然如此，我就来考他一考，看看他是真有本事，还是徒有虚表。”紫云长老目光如炬，问叶小凡：“叶小凡，我问你，刚才的代码中频繁出现对象在调用函数之后，又立刻调用其他函数或者属性的情况，你可知道这是怎么回事，为什么能够这么写？”

这个问题，自然也被简南听到了。

“什么？难道不是默认都这么写的吗，还有为什么？”简南大吃一惊，他只是记得在学习jQuery的时候，一般都会这么写，用起来很方便，却从来没有关心过其中的原理。

“哦，那个啊，是链式调用啊。”叶小凡想了想，直接把“链式调用”这个名词讲了出来。

紫云派长老内心一惊，没想到这小子竟然还知道链式调用！不过心里虽然吃惊，但是紫云派长老并没有显露出来，而是淡淡地对叶小凡说道：“嗯，是链式调用，那你知道何为链式调用吗？”

叶小凡别的不敢说，不过对于链式调用还是比较熟悉的，于是他便立刻开始写起了代码。

“我就举一个简单的例子吧，比如，我就写一个函数，叫作myFunction。”

```
var myFunction = function(){

}
```

“这是一个函数，接下来，我给它返回一个对象。”

```
var myFunction = function(){

    return {}
}
```

“在这个返回的对象里面有两个方法，分别是func01和func02。”

```
var myFunction = function(){

    return {
        func01 : function(){
            console.log("func01");
```

```
            },

            func02 : function(){
                console.log("func02");
            }
        }
    }
```

“要调用里面的 func01 或者 func02，就得先获取这两个方法所在的对象，而这个对象正好又是 myFunction 函数的返回值。所以，我现在要做的就是调用 myFunction 函数，得到的返回值就是那个对象。”

```
var obj = myFunction();
```

“接下来，如果我要调用 func01 函数和 func02 函数，一般是这么写。”

```
var obj = myFunction();
obj.func01();
obj.func02();
```

“这是正常的函数调用，不属于链式调用。如果是链式调用，就需要写这样的代码。”

```
obj.func01().func02();
```

“分析一下这种写法，既然能够在调用 func01 函数之后立刻调用 func02 函数，就需要 func01 函数的返回值是一个对象，因为只有对象才可以调用里面的函数嘛。从之前的分析中可以得到线索：func01 函数和 func02 函数的宿主对象都是 obj，也就是说，我只要让 func01 的返回值变成 obj 就行了。一个 this 关键字就可以解决这个问题，因为在函数中，this 关键字永远指向当前函数的调用者。在这里，调用者自然是 obj，因此，我只要在两个函数的末尾返回 this 关键字就行啦！”

```
var myFunction  =function(){

    return {
        func01 : function(){
            console.log("func01");
            return this;
        },

        func02 : function(){
            console.log("func02");
            return this;
        }
    }
}
```

“这样一来,链式调用就完成了。之前的jQuery方法,其内部的原理估计就是这样了。”

紫云派长老愣了一会,他看向叶小凡的眼神中多了几分欣赏。

“好小子,千鹤派竟然还真出了这么厉害的一个弟子!”

3.4.4　创造新的元素

“jQuery还可以动态地创造新的元素并添加到页面上。”叶小凡继续说道。

“比如刚才的例子。”

```
<body>
    <h2>法宝列表</h2>
    <ul>
        <li id="a1">天马妖焰钟</li>
        <li id="a2">流魂歧霞伞</li>
        <li id="a3">天网奇火石</li>
        <li id="a4">混沌秘霖扇</li>
        <li id="a5">昊天粗琉斧</li>
    </ul>
</body>
```

“如果我想添加一个新的法宝到ul列表中，只需要这么写。首先，创建一个新的元素。”

```
var newLi = $("<li id="a5">新的法宝</li>");
```

“直接这样写是不行的，因为外面是双引号，里面又出现了双引号，那么就会被认为“**<li id=**”是一个字符串，“**>新的法宝</li>**”是一个字符串。解决方法是把里面的双引号改为单引号。”

```
var newLi = $("<li id='a5'>新的法宝</li>");
```

“或者在里面的双引号的左侧加一个反斜杠，表示转义，也可以解决这个问题。”

```
var newLi = $("<li id=\"a5\">新的法宝</li>");
```

“这其实是用了jQuery的工厂函数$()，当向这个函数传入一段HTML代码时，jQuery会自动解析这一段HTML，然后创建对应的DOM节点，最后将这个DOM节点的jQuery对象返回出去。好了，既然对象已经创建好了，结合链式调用，接下来我只需要把它添加到ul元素中即可。可以使用appendTo方法或者append方法。”

```
//添加法宝到ul中
var newLi = $("<li id=\"a5\">新的法宝</li>");
newLi.appendTo( $('ul') );
```

简写如下。

```
//添加法宝到ul中
$("<li id=\"a5\">新的法宝</li>").appendTo( $('ul') );
```

“再用append方法，方向正好反过来，因为是用ul去append添加新的li。”

```
$('ul').append($("<li id=\"a5\">新的法宝</li>"));
```

“这两种方法都代表在某一个元素里面添加新的元素，除了这个方法，还有一种 html 方法，它的意义和添加方法有所不同，是直接替换目标元素里面的所有 HTML 代码。”

```
$('ul').html($("<li id=\"a5\">新的法宝</li>"));
```

结果如图 3-21 所示。“这样一来，ul 里面就只剩下一个 li 元素了。不管创建的节点代码有多复杂，只要是一个完整的字符串且符合 html 的规范，就都可以用这种方式替换或者将其添加到页面上的某个元素中。当然，对于一些复杂的 HTML 代码，转换成字符串会涉及很多的引号转义问题。为了解决这个问题，我可以专门做一个工具辅助完成这个步骤。”说着，叶小凡给出了一个完整的 HTML 页面，并引入了 jQuery。

法宝列表

- 新的法宝

图 3-21 运行结果

```
<!DOCTYPE HTML>
<html>
  <head>
    <title>多功能拼接工具</title>
    <meta http-equiv="content-type" content="text/html; charset
=utf-8" />
    <meta http-equiv="pragma" content="no-cache">
    <meta http-equiv="cache-control" content="no-cache">
    <meta http-equiv="expires" content="0">
    <meta http-equiv="keywords" content="keyword1, keyword2,
keyword3">
    <meta http-equiv="description" content="This is my page">
    <script type="text/javascript" src="js/jquery-1.11.2.min.js"
></script>
    <style type="text/css">
        body{font-size: 12px;}
        textarea {width:99%;height:180px;margin: 4px;}
        label {cursor: pointer;}
    </style>
  </head>
```

```
  <body>
    <textarea id="tm-source">
    </textarea>
    <label><input type="radio" name="type" value="2">双引号转单引
号</label>
    <label><input type="radio" name="type" value="1" checked="
checked">单引号转双引号</label>
    <label><input type="button" onclick="tm_transfter()" value="
开始转换"></label>
    <textarea id="tm-target"></textarea>
    <textarea id="tm-result"></textarea>
    <script type="text/javascript">
        function tm_transfter(){
            var source = $.trim($("#tm-source").val().replace(/(\
n)*$/,""));
            var checkVal = $("input[type='radio']:checked").val();
            var result = "$('#xxxx').append(";
            if(checkVal==2){
                $("#tm-target").val(source.replace(/"/g,"'"));
                var arr = $("#tm-target").val().match(/^(.*\n*)$/
igm);
                for(var i=0;i<arr.length;i++){
                    result += '"'+arr[i]+'"+\n';
                }
                 $("#tm-result").val(result.substring(0,result.
length-2)+");");
            }
            if(checkVal==1){
                $("#tm-target").val(source.replace(/'/g,'\"'));
                $("#tm-target").val(source.replace(/"/g,"\\\""));
                var arr = $("#tm-target").val().match(/^(.*\n*)$/
igm);
                for(var i=0;i<arr.length;i++){
                    result+='" '+arr[i].replace(/\s*/,'')+'"'+"
+"+'\n';
                }
                 $("#tm-result").val(result.substring(0,result.
length-2)+");");
```

```
            }
        }
    </script>
  </body>
</html>
```

页面效果如图3-22所示。

图3-22　页面效果

“用法其实很简单，首先复制一段HTML代码到一个框中，然后单击‘开始转换’按钮，就可以在最后一个框里面看到转换后的字符串了。”

转换过程及效果如图3-23和图3-24所示。“接下来，只需要复制转换后的字符串即可。比如，我可以这样写。”

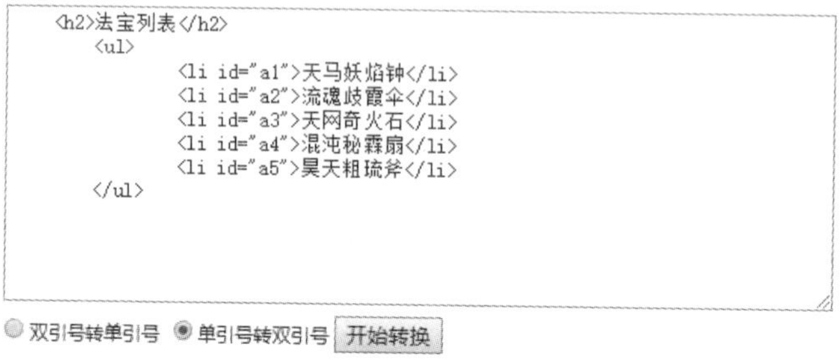

```
<h2>法宝列表</h2>
    <ul>
            <li id="a1">天马妖焰钟</li>
            <li id="a2">流魂歧霞伞</li>
            <li id="a3">天网奇火石</li>
            <li id="a4">混沌秘霖扇</li>
            <li id="a5">昊天粗琉斧</li>
    </ul>
```

○ 双引号转单引号 ◉ 单引号转双引号 [开始转换]

图 3-23 转换字符串

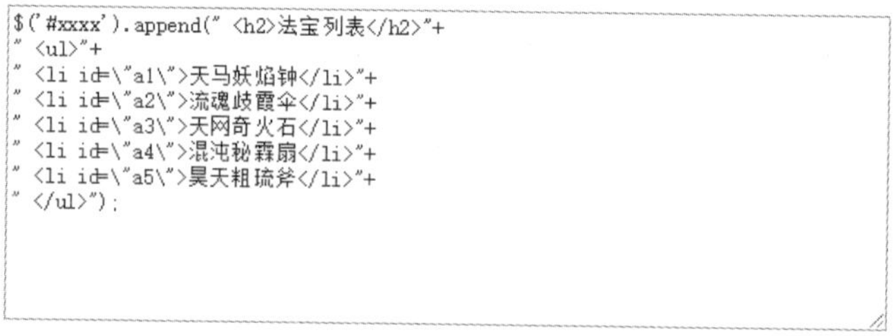

```
$('#xxxx').append(" <h2>法宝列表</h2>"+
" <ul>"+
" <li id=\"a1\">天马妖焰钟</li>"+
" <li id=\"a2\">流魂歧霞伞</li>"+
" <li id=\"a3\">天网奇火石</li>"+
" <li id=\"a4\">混沌秘霖扇</li>"+
" <li id=\"a5\">昊天粗琉斧</li>"+
" </ul>");
```

图 3-24 使用效果

```
$('body').append(" <h2>法宝列表</h2>"+
                 " <ul>"+
                 " <li id=\"a1\">天马妖焰钟</li>"+
                 " <li id=\"a2\">流魂歧霞伞</li>"+
                 " <li id=\"a3\">天网奇火石</li>"+
                 " <li id=\"a4\">混沌秘霖扇</li>"+
                 " <li id=\"a5\">昊天粗琉斧</li>"+
                 " </ul>");
```

“同时，把 body 中原来的内容删掉。得到的结果就是用 jQuery 的 append 方法把一段复杂的 HTML 代码添加到页面上。”

结果如图 3-25 所示。“至于其他使用 jQuery 插入节点的方法，还有以下几种。”

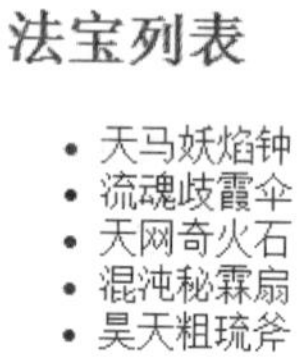

法宝列表

- 天马妖焰钟
- 流魂歧霞伞
- 天网奇火石
- 混沌秘霖扇
- 昊天粗琉斧

图 3-25 运行结果

```
insertAfter()   //把匹配的元素插入另一个指定的元素集合的后面
insertBefore()  //把匹配的元素插入另一个指定的元素集合的前面
prepend()       //向匹配元素集合中的每个元素的开头插入由参数指定的内容
prependTo()     //向目标的开头插入匹配元素集合中的每个元素
```

3.4.5 删除和隐藏节点

"jQuery 可以通过某些方法删除或者隐藏页面上的 DOM 节点。首先说说删除的方法,最简单暴力的方法就是 remove,它可以删除所有满足条件的元素。比如,我现在要删除 ID 为 a1 的元素。"

```
<!DOCTYPE html>
<html>
    <head>
        <meta charset="UTF-8">
        <title>JavaScript百炼成仙-demo</title>
        <script src="js/jquery.min.js"></script>
    </head>
    <body>
        <h2 id="a1">我是 ID 为 a1 的元素</h2>
    </body>
</html>
```

"如果想要完全删除它,就要使用 remove 方法。"

```
<script>
    $(document).ready(function(){
        $('#a1').remove();
    });
</script>
```

"用 remove 方法可以完全删除页面上的元素,而不是隐藏。而如果不想完全删除,则可以用隐藏元素的方法——hide 方法。"

```
<script>
    $(document).ready(function(){
```

```
        $('#a1').hide();
    });
</script>
```

“jQuery 的 hide 方法其实就是给对应的元素设置 display：none。如果你希望把已经隐藏的元素再显示出来，则可以使用 show 方法。”

```
$('#a1').show();
```

“刚才说的 hide 方法是给对应的元素设置 display：none，那么一般来说，show 方法其实就是把元素的 display 重新设置为 block 罢了。在刚才的例子中，h2 标签是块级元素，默认为 display：none。如果我现在添加一个行内元素，又会如何呢？比如，我重新制作一个页面，在里面放一个隐藏的 span 标签。”

```
<!DOCTYPE html>
<html>
    <head>
        <meta charset="UTF-8">
        <title>JavaScript 百炼成仙-demo</title>
        <script src="js/jquery.min.js"></script>
        <script>
            $(document).ready(function(){
                $('#a1').hide();
                $('#a1').show();
            });
        </script>
    </head>
    <body>
        <span id="a1">我是 ID 为 a1 的元素</span>
    </body>
</html>
```

“因为行内元素默认的 dispaly 是 inline，所以先 hide 一下，display 就变成了 none。然后，又调用了 show 方法，由于 span 标签是行内元素，所以 display

变回了inline。”

3.4.6 jQuery 操作属性

紫云派长老心想这样下去岂不是完全是叶小凡在表现了？虽然叶小凡的确厉害，但是这样下去自己的面子就要丢光了，于是他给叶小凡和简南一人一个水晶球，说道：“接下来由我出题，比赛采用抢答制，当问题公布完时，谁第一个按住水晶球，谁就拥有这一题的答题权。每题全部答对得10分，如果没有全部答对，可以由另一位选手补充，如果答对，则另一位选手获得对应的剩余分数。”

“好，现在宣布第一题，jQuery如何对属性进行操作？”紫云派长老淡淡地说道。

简南立刻把手放在水晶球上，大喊：“这题我知道！”

“好，那你说吧。”紫云派长老微笑地看着简南。

“用jQuery操作元素，要用attr方法。attr方法能够获取元素属性，也能够设置元素属性。没错，一个方法可以拥有两种功能，以传入参数的个数判别。如果给attr方法传入一个参数，那么就获取这个元素的某个属性的值，属性名就是传进来的参数。”说着，简南打出一段代码。

```
<!DOCTYPE html>
<html>
    <head>
        <meta charset="UTF-8">
        <title>JavaScript百炼成仙-demo</title>
        <script src="js/jquery.min.js"></script>
        <script>
            $(document).ready(function(){
                var id = $('#a1').attr('id');
                alert(id);
            });
        </script>
    </head>
    <body>
```

```
        <span id="a1">我是 ID 为 a1 的元素</span>
    </body>
</html>
```

“这个例子使用了 attr 方法的第一种功能，即传入一个属性的名称，然后返回这个属性的值。如果希望改变这个 span 标签的 id 属性的值，就传递两个参数，第一个参数是属性名称，第二个参数是新的值。”

```
<script>
    $(document).ready(function(){
        $('#a1').attr('id','a2');
        alert($('#a1').attr('id'));
    });
</script>
```

“请看我这段代码，我先用 attr 方法修改 id 的值，从 a1 改为 a2，然后获取这个元素的 id 属性值。现在，我来运行一下代码。”

说着，简南运功执行了代码，谁知代码的结果是 undefined。

“这怎么可能！”简南惊呼，“不可能啊，这么简单的代码怎么会有问题？”

叶小凡看着简南的代码，笑道：“你这是在逗我吗？你都已经把 id 的值从 a1 修改为 a2 了，那么你为什么还要用＃a1 获取那个元素呢？”

一语惊醒众人。简南听完叶小凡的论述后，也觉得不好意思，立刻把代码修正了过来。

```
<script>
    $(document).ready(function(){
        $('#a1').attr('id','a2');
        alert($('#a2').attr('id'));
    });
</script>
```

这一回结果自然就正确了。

“刚才是我疏忽了。接下来我再讲讲如何给元素设置多个属性。**如果要给元素设置多个属性，就需要给 attr 方法传入一个 JavaScript 对象，对象里面**

是键值对的集合，每个键值对的格式为 key：value，不同的键值对用逗号分隔。比如，我要给一个元素同时设置 name 属性和 title 属性。”

```
$('#a1').attr({'name':'spanDom','title':'我是 ID 为 a1 的元素'});
```

“如果你想要删除某一个属性，那就可以用 removeAttr 方法，只需要传入想要删除的属性名就可以了。如果现在删除这个元素的 name 属性，就要这样操作。”

```
$('#a1').removeAttr('name');
```

答题结束，由于叶小凡指出了简南的一处错误，叶小凡得 2 分，简南得 8 分。

3.4.7　内容操作

“下一题，如何用 jQuery 设置和获取 HTML、文本和值？”紫云派长老继续宣布题目。

“我知道！”简南又抢先叶小凡一步按住了水晶。

“首先是 jQuery 操作 HTML，比如我现在有一个 div。”

```
<div></div>
```

“现在，我想给这个 div 添加一个 id，名为 list，便可以用刚才说的 attr 方法。”

```
<script>
    $(document).ready(function(){
        $('div:eq(0)').attr('id','list');
    });
</script>
```

“当然，为了方便起见，我也可以直接给它加一个 id。”

```
<div id='list'></div>
```

“嗯，学以致用，不错。”紫云派长老微微点头。

“接下来，比如我要在这个div里面画一个表格，就可以把一个table表格拼成一个字符串，然后用jQuery的html方法将表格插入页面上的div中。”

```
$('#list').html("<table border=\"1\" cellpadding=\"10\">"+
                "<tr>"+
                "<th>第一列</th>"+
                "<th>第二列</th>"+
                "<th>第三列</th>"+
                "</tr>"+
                "<tr>"+
                "<td>111</td>"+
                "<td>222</td>"+
                "<td>333</td>"+
                "</tr>"+
                "<tr>"+
                "<td>444</td>"+
                "<td>555</td>"+
                "<td>666</td>"+
                "</tr>"+
                "</table>");
```

结果如图3-26所示。“看吧，这样就成功了。html方法的含义是把HTML代码的字符串动态地插入目标元素内部，所以页面上的DOM结构中会真的新增这些HTML代码，哪怕之前它们还只是字符串。用html方法的话，会把里面的内容展现在页面上，就好像那些代码原本就在那个地方似的。而且，不仅仅是文字，字符串中哪怕是带有标签的代码也是可以展现的。除了html方法，类似的还有text方法，效果应该差不多吧！”说着，简南把代码做了修改。

第一列	第二列	第三列
111	222	333
444	555	666

图3-26　运行结果

```
$('#list').text("<table border=\"1\" cellpadding=\"10\">"+
                "<tr>"+
```

```
"<th>第一列</th>"+
"<th>第二列</th>"+
"<th>第三列</th>"+
"</tr>"+
"<tr>"+
"<td>111</td>"+
"<td>222</td>"+
"<td>333</td>"+
"</tr>"+
"<tr>"+
"<td>444</td>"+
"<td>555</td>"+
"<td>666</td>"+
"</tr>"+
"</table>");
```

```
<table border="1" cellpadding="10"> <tr> <th>第一列</th> <th>第二列</th>
<th>第三列</th> </tr> <tr> <td>111</td> <td>222</td> <td>333</td> </tr>
<tr> <td>444</td> <td>555</td> <td>666</td> </tr> </table>
```

图3-27　运行结果

结果如图3-27所示。“这怎么可能!”简南惊呼。

叶小凡看着代码,微微一笑,“text方法是用来设置和获取元素的文本内容的,也就是说,即便你在里面写上html标签,它也会被当成文本处理。”

“啊……是的,这个我当然知道了,我正打算要说呢！哦,对了,不管是html方法还是text方法,都有两种使用方式,如果不传入参数,那么就获取元素内部的html代码或者文本内容。如果传入参数,则是替换的意思。”

“那如果元素内部是带标签的html代码,然后用text方法获取元素的文本内容,又会怎样呢?”叶小凡笑嘻嘻地问道。

“这个……应该,大约,或许,可能……是把标签页当作文本打印出来吧。”说着,简南犹豫地打出一段代码来验证。

```
$('#list').html("<table border=\"1\" cellpadding=\"10\">"+
                "<tr>"+
```

```
                    "<th>第一列</th>"+
                    "<th>第二列</th>"+
                    "<th>第三列</th>"+
                    "</tr>"+
                    "<tr>"+
                    "<td>111</td>"+
                    "<td>222</td>"+
                    "<td>333</td>"+
                    "</tr>"+
                    "<tr>"+
                    "<td>444</td>"+
                    "<td>555</td>"+
                    "<td>666</td>"+
                    "</tr>"+
                    "</table>");
        alert($('#list').text());
```

代码运行,结果如图 3-28 所示。

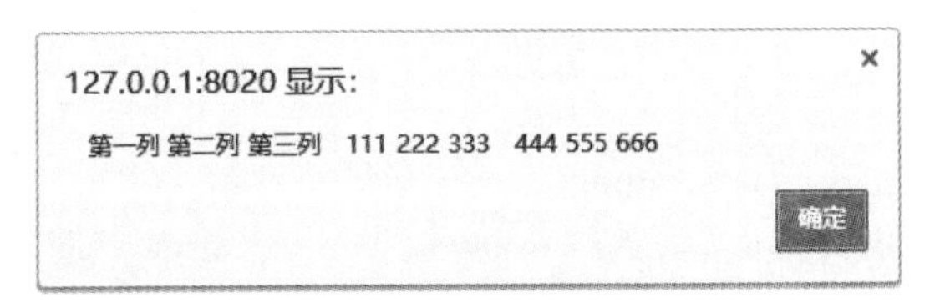

图 3-28 运行结果

“啊,对的对的,我正想说呢,因为 text 方法会过滤掉元素内容里面的 html 标签,所以打印出来的就是这些文本内容了。嗯,就是这样的。”

“咳咳,简南,那现在你再来说一说 jQuery 对元素值的操作吧。”

“好的好的,jQuery 操作元素的值,用的是 val 方法,如果传入参数,就是重新给这个元素赋值,不传参数的话,就是获取这个值的元素。一般来说,任何元素都可以加上一个 value 属性,这个属性就代表元素的值。比如,我有一个 input 元素。”

```
姓名:<input type="text" />
```

“这是一个空的文本框，我可以在里面随便写一点东西。”

结果如图 3-29 所示。“然后调用 jQuery 的 val 方法获取它的值。为了调试方便，我再添加一个按钮吧。”

姓名: 简南

图 3-29　输入的结果

```
姓名:<input type="text" />
<input type="button" onclick="getName()" value="获取值" />
```

“这个按钮有一个 onclick 单击事件，对应的函数是 getName。”

```
$(document).ready(function(){
    function getName(){
        alert($('input:eq(0)').val());
    }
});
```

姓名: 获取值

图 3-30　页面效果

页面效果如图 3-30 所示。“好，我现在单击一下。”说着，简南点了一下按钮，没想到直接抛出了一个错误：

```
Uncaught ReferenceError: getName is not defined
```

简南惊呼：“不可能啊！”

叶小凡看了一下代码，微微一笑，说道：“你这个 getName 方法是在另外一个 function 里面的，这就形成了一个函数作用域，在函数内定义的变量或者函数，从外面是访问不到的。你把这个函数放在全局作用域就可以解决问题了。”说着，叶小凡也打出了一段代码。

```
$(document).ready(function(){

});


function getName(){
    alert($('input:eq(0)').val());
}
```

“这样就行啦!”

“是的,我正想这么做呢!”简南满脸通红,一脸惊愕地看着叶小凡。过了好一会,简南才继续答题。

“在这个例子中,val 方法就可以直接获取 input 文本框里面的值了。当然,我也可以给这个 input 文本框设置一个默认值,方法是给它加上一个 value 属性。”

```
姓名:<input type="text" value="请填写姓名"/>
```

运行结果如图 3-31 所示。“val 方法不仅可以操作 input 元素,还可以操作下拉框(select)、多选框(checkbox)和单选按钮(radiobox)。比如,我现在有一个下拉框。”

图 3-31 运行结果

```
<select id="fruits" style="width: 200px;">
    <option>苹果</option>
    <option>香蕉</option>
    <option>西瓜</option>
</select>
```

运行结果如图 3-32 所示。“如果我希望让这个下拉框默认选择‘西瓜’,就可以用 val 方法。”

图 3-32 运行结果

```
$('select:eq(0)').val('西瓜');
```

运行结果如图 3-33 所示。“我甚至还可以给下拉框里面的项设置 value 属性,这样一来,获取的值就是 option 标签的 value 属性值了。比如,我设置 01 代表苹果,02 代表香蕉,03 代表西瓜。”

图 3-33 运行结果

```
<select id="fruits" style="width: 200px;">
    <option value="01">苹果</option>
    <option value="02">香蕉</option>
```

```
    <option value="03">西瓜</option>
</select>
```

“这个时候，如果我想要默认选择香蕉，就要设置 val 方法的参数为 02 了。”

```
$(document).ready(function(){
    $('select:eq(0)').val('02');
});
```

运行结果如图 3-34 所示。“如果希望同时选择香蕉和苹果，那么就是多选下拉框，需要给这个 select 标签设置一个 multiple。”

图 3-34 运行结果

```
<select id="fruits" style="width: 200px;" multiple>
    <option value="01">苹果</option>
    <option value="02">香蕉</option>
    <option value="03">西瓜</option>
</select>
```

运行结果如图 3-35 所示。“因为刚才设置的默认选项为香蕉，所以香蕉这一项被选中了，如果我希望同时选择苹果和西瓜，就需要给 val 方法设置一个数组。”

```
$(document).ready(function(){
    $('select:eq(0)').val(['01','03']);
});
```

运行结果如图 3-36 所示。答题结束，由于叶小凡指出了简南的多处错误，叶小凡得 5 分，简南得 5 分。目前的比分是简南 13 分，叶小凡 7 分。

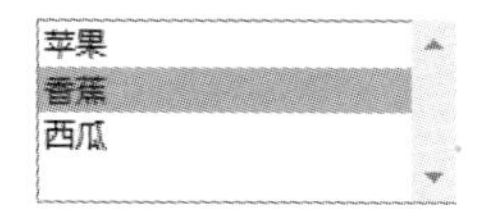

图 3-35 运行结果

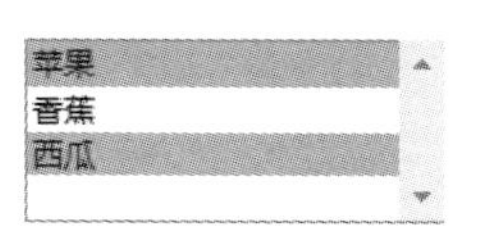

图 3-36 运行结果

3.4.8 遍历和寻找节点

“下一题，jQuery 遍历节点的操作有哪些，如何使用?”紫云派长老宣布题目。

这一次，叶小凡终于抢到了答题机会。

“好，这一题就由我来回答吧。”

“有关 jQuery 遍历节点的操作，我想到的第一个方法是 children 方法，这个方法可以获取某个元素的下一代子元素，但不包括孙子辈的元素。该方法只沿着 DOM 树向下遍历单一层级。比如，我现在有这样的一段 HTML 代码。”

```
<ul id="menu">
    <li>我是第 1 个 li 标签</li>
    <li>我是第 2 个 li 标签</li>
    <li>我是第 3 个 li 标签</li>
    <li>我是第 4 个 li 标签</li>
    <li>我是第 5 个 li 标签</li>
</ul>
```

“可以看到，ul 标签下面有 5 个 li 元素。我希望通过 ul 元素获取其中的 5 个孩子节点，这时就可以使用 children 方法。”

```
var lis = $("#menu").children();
console.log(lis);
```

“这样就行了。但是，如果我在其中的一个 li 元素中再加上一个其他元素，就没有办法找到它了。”

```
<ul id="menu">
    <li>我是第 1 个 li 标签</li>
    <li>我是第 2 个 li 标签</li>
    <li>我是第 3 个 li 标签</li>
    <li>我是第 4 个 li 标签</li>
    <li>我是第 5 个 li 标签<span style="background: pink;">我是藏在
这里的 span</span></li>
</ul>
```

“比如这样的情况，我用jQuery的children方法只能获取li元素，没有办法获取其中的span元素。如果想要获取，就需要先拿到最后一个li元素，再通过find方法寻找。”

```
$(function(){
    var lis = $("#menu").children();
    var span = lis.last().find("span");
    console.log(span);
});
```

“我既然可以通过一个父节点找到它里面的子节点，自然也可以通过某一个子节点反过来找到它的父节点，这个方法就是parent。比如，还是刚才的例子，如果我希望通过第1个li元素找到它的父节点，也就是id为menu的父元素，就可以这样写。”

```
//先获取第1个li元素
var li1 = $("li:eq(0)");
//调用parent方法获取它的父元素
var ul = li1.parent();
console.log(ul);
```

“接下来通过某一个节点找到它的兄弟节点，比如我现在给第3个li元素添加一个id为node，我希望通过它找到第2个li元素和第4个li元素，分别对应的就是jQuery中的prev方法和next方法。”

```
var node = $("#node");
var li2 = node.prev();
var li4 = node.next();
console.log(li2.html());
console.log(li4.html());
```

效果如下。

```
我是第2个li标签
我是第4个li标签
```

“还有一个比较有用的方法，就是根据一个元素找到和它同一级别的所有兄弟元素。比如，我现在能够直接获取 id 为 node 的元素。那么我能不能根据它获取其他所有 li 元素呢？方法自然是有的，那就是用 siblings 方法。”

```
var node = $("#node");
console.log(node.siblings());
```

“好了，好了，我想这场比赛已经可以分出胜负了。”

最终，比赛结果和众人想象的一样，叶小凡毫无悬念地胜出了。最后，紫云派长老略有深意地看着叶小凡，虽然不甘心，但是依旧流露出赞赏。“这个小子身上一定有秘密，小小年纪竟有如此深厚的功力，古怪，真是古怪。”

林元青等人看到叶小凡的胜利，也露出了欣慰的笑容。

第4章　Vue的妙处

4.1　我要去做任务

叶小凡赢得比赛后，他的名字被千鹤派的所有人熟知，哪怕他随便走在路上，都有师兄弟主动来打招呼。而叶小凡也想低调，可是实力不允许啊！不知不觉间，叶小凡也开始有点飘飘然了。有一天，叶老神秘兮兮地对叶小凡说道："小子，你不过是赢了那种过家家似的比赛，就自以为了不起啦？"

"那倒也不是，就是觉得最近自己太强大了，想赶紧学一点新的东西。您不是说当我实力足够强大后，就有办法让你复活了嘛。所以，师傅啊，您是不是也该教我一些新的内容了啊。"

"哼，臭小子，搞了半天你不就是还想从我这套出一些新本领吗？小子，你记好，你可是我叶老的弟子，我可从来不相信什么'教会徒弟，饿死师傅'的话，你就只管好好学，还怕我不教你不成？"说完，叶老嘿嘿一笑，继续说道："小子，你想不想学 Vue？"

"没听说过，不过感觉挺有趣的，请师傅赐教！"一听到叶老又要传授自己新的功夫，叶小凡瞬间眼前一亮，表现出非常浓厚的兴趣。看到叶小凡这个样子，叶老也是十分欣慰。在接下来的几个月中，叶老每天都亲自指导，叶小凡也是修行得十分刻苦。终于，功夫不负有心人，Vue 的大部分知识点，叶小凡都有所感悟了。

这一天，一道法旨被送到叶小凡的房间，大致意思是：但凡升级为红衣弟子之后，每个月都必须完成一次宗门任务。如果不能按时完成，就要重新降级为黄衣弟子。当然，完成任务后可以获取不菲的贡献点，如果任务难度大，则贡献点一定更多。越是简单的任务，贡献点也就越少。而贡献点，可以用来换取新的法宝和法术。

“我要做任务、换法宝！”叶小凡心情激动。

“也好，这段时间我也要修养一下，正好让你自己历练吧！”叶老缓缓说道，说罢便隐去了自身的气息，任凭叶小凡如何呼喊都不再现身。看着自己怎么也唤不醒叶老，甚至这可能真的是叶老给自己的试炼，叶小凡只好作罢。

“哼，想我叶小凡，基础考核第一，外门小比第一。现在又熟悉了如此多的Vue知识，区区一点小任务，何足挂齿！”叶小凡给自己打气。

不多时，叶小凡来到了任务处，任务处矗立着一座大石碑，上面刻满了各种任务，光芒闪烁。每当有任务被完成，那任务的字迹便会如同流水一般滑动，转而被新的一行字取代。

这里是红衣弟子领取和交付任务的地方，来往的也大多是红衣弟子，当然，也有一些任务是黄衣弟子可以领取的。相比于红衣弟子，黄衣弟子对于修行资源更是渴望。

任务的种类也是繁多，有种植灵草的，有养兽的，还有外出捕猎的。

“嗯，外出捕猎太危险，那些凶兽一点也不可爱，还是种植灵草吧。”

“咦，种植灵草的任务只剩下最后一个了，我得赶快！”

就当叶小凡想要领取最后一个种植灵草的任务时，只见那个任务的字迹如同流水般地被划去，随之而来的是一个新任务：“前往落叶之森，击杀狂暴飞天虎！奖励贡献点：10000！”

“叮，任务接受完毕：前往落叶之森，击杀狂暴飞天虎！奖励贡献点：10000！任务执行者：叶小凡！”

就在这时，周围的红衣弟子都用异样的目光看向叶小凡，就连任务管理处的周长老也是目中露出奇芒，不由得多看了叶小凡几眼。

“啥？我……”叶小凡都要哭了，心里情不自禁地呐喊：“我要接的不是这个任务啊！”

4.2　壮士出征

“狂暴飞天虎，老虎都会飞了吗？这个凶兽一定很可怕！”好一会儿，叶小凡自知这任务肯定是没法退了，只能硬着头皮上了。

“也罢，哼，想我叶小凡，基础考核第一，外门小比第一。现在又熟悉了如此多的Vue知识，区区一只狂暴飞天虎，何足挂齿！我叶小凡弹指间，狂暴飞天虎必定灰飞烟灭！”于是，叶小凡拿出了壮士的气概，不停地安慰自己。叶小凡虽然修行刻苦，但是真正的野外历练经历还是太少了。这个时候，难免还是有点害怕。

突然，叶小凡想起了叶老，心想要是叶老在就好了。于是多次呼唤叶老，可是不管他怎么呼喊，叶老就是没有现身的意思。无奈之下，叶小凡觉得还是只能靠自己了。翻看了储物袋，叶小凡发现自己还有不少贡献点，这些都是在之前的基础考核和外门小比之后，宗门奖励给他的。就连叶小凡自己都吓了一跳，原来自己这么有钱。既然有贡献点，那就得花。

“壮士出征，必有利器！”说完，叶小凡便去兑换处换了各种武器，尤其花费了不少的贡献点换取了一把银色的利剑，上面刻着“vue.min.js”。因为叶小凡已经跟随叶老学习了Vue，但是还都只停留在理论阶段，实战的话，就必须有相应的法器才可以。

“壮士出征，必有战甲！”说完，叶小凡又去兑换处换了一大堆防具，仅是皮甲就有七八件，符咒买了二十多张，各种盾牌也换了不少。就这样，叶小凡穿着七八件皮甲，举着盾牌，看起来特别滑稽，在众人惊异的目光下出发了。

4.3　Vue数据绑定

来到落叶之森，叶小凡小心翼翼地前行着。终于，叶小凡在第二天发现了好几处狂暴飞天虎的栖息地！那狂暴飞天虎面目凶恶，很不友善，背上更是长了一对翅膀，看起来战斗力很强！

“我就知道,这凶兽一点都不可爱。看来我要智取。”于是,叶小凡找准了其中一个栖息地,用银剑画了一个阵法,将那一块区域包裹了起来,代码如下。

```
<div id="栖息地 1">
    <p>{{message}}</p>
</div>
```

然后,叶小凡利用能够遁地的法器将自己沉入 10 米深的地下,他又制作了一个 input 输入框。

```
<input type="text" v-model="message">
```

叶小凡的计划很简单:在确保安全的前提下,用 Vue 做数据绑定去激怒凶兽,一般这种级别的凶兽是能够听懂语言的,然后把凶兽引过来,最后设置陷阱抓住它。

所谓数据绑定,就是一处变化,处处改变。在上面的代码中,{{message}}代表这个地方绑定了一个数据 message。v-model=“message”则代表给这个 input 输入框也绑定了数据 message。意思就是,当 input 框发生输入的动作,任何地方的 message 都会发生改变。

于是,代码变成了这样。

```
<div id="栖息地 1">
    <input type="text" v-model="message">
    <p>{{message}}</p>
</div>
```

“第一步,把老虎引过来,嘿嘿!”说着,叶小凡心神一动,引入了 Vue。

```
<script type="text/javascript" src="js/vue.min.js"></script>
```

然后,叶小凡打出了一段代码。

```
<script type="text/javascript">
    new Vue({
        el:'#栖息地 1',
```

```
        data:{
            message:'乖乖虎,你过来呀!'
        }
    })
</script>
```

new Vue 代表创建一个 Vue 对象,输入的是一个 json 对象。

```
{
    el:'#栖息地 1',
    data:{
        message:'乖乖虎,你过来呀!'
    }
}
```

el 代表需要被 Vue 控制的区域,值为某个区域的 id,需要加一个"#"号。所以,**#栖息地 1** 的意思就是 id 为"栖息地 1"的那个 div 元素(注意:因为 new Vue 代表新建一个 Vue 的对象,因此 Vue 的引入必须在 new 对象的代码上面,只有这样才能够被引用到。也就是说,先创建 new Vue 对象,再引入 vue.min.js 的做法就是错误的。虽然可以通过 window.onload 事件进行处理,不过还是建议初学者老老实实地先引入 vue.min.js 吧)。

叶小凡深知,这个功法一出,data 里面的 message 变量就牢牢地与 body 区域里面的{{message}}绑定在一起了。换句话说,他只要稍稍改动 message 的值,{{message}}也会跟着发生变化!这便是数据绑定的奥妙。

运行结果如图 4-1 所示。上面的 input 框中已经赋值了"乖乖虎,你过来呀!"这个字符串,同时,下面也多出了一模一样的字符串。叶小凡大喜,心想我叶小凡要么不出手,一出手果然不同凡响。

乖乖虎,你过来呀!

乖乖虎,你过来呀!

图 4-1 运行结果

"哼哼,下面的那句话,其实就是代码里面的{{message}}啦,因为数据绑定的关系,这样一来,不管我 data 中的那个 json 对象里面的 message 如何变,{{message}}也会跟着变化。"

叶小凡不禁又回想起刚开始学习 Vue 的场景。

“叶老，Vue 这个数据绑定自然是不错的，可是我即便不用 Vue，用锋利的 jQuery，甚至用 dom 操作，不是也可以吗？”

“哦，那你说说，该怎么做？”叶老微笑着说道。

“这还不简单，就比如说用 jQuery 好了，我只要给 div 设置一个唯一的标识 id，然后通过 $(id)获取 jQuery 对象，最后直接赋值不就好了。”说着，叶小凡就随手打出了一段代码。

```
<div id="box"></div>
```

“这是页面上的元素，我声明了一个 id 为 box 的 div，然后引入 jQuery 进行数据绑定！”

```
<script src="http://libs.baidu.com/jquery/2.1.4/jquery.min.js">
</script>
<script>
    $(function(){
        $('#box').html("哈哈,你被我绑定了!");
    });
</script>
```

一阵蓝光闪过，代码被成功运行，页面上原本空空如也的 div 瞬间变成了一句话：“哈哈，你被我绑定了！”叶小凡得意地说道：“看吧，这样的效果不是一样吗？”

叶老微微一笑，对着叶小凡说道：“嗯，不错，看来你的 jQuery 已经用得比较熟练了，但是你有没有想过一个问题：我们要把一个对象的数据显示到一个元素上。在这个例子里面，我们想把一个字符串绑定到 div 上面，用 jQuery 的方式自然是可以的。可实际上，你应该意识到，不管用什么方式，原生 DOM 操作也好，jQuery 也罢，这些都是我们为了达成目的而采取的手段。可真正重要的是什么？”

叶小凡陷入沉思，过了一会儿，他若有所思地说道：“是的，这些都是手段，真正重要的是数据，我其实只是想要显示数据罢了！”

听到叶小凡的回答，叶老会心一笑，心道孺子可教。

“对了，我们真正想要的，其实就是把数据显示到元素上，手段自然是越简单越好。Vue去除了所有的直观dom操作，你只需要改变数据，就可以同步修改页面上展现的元素。这便是Vue的魅力！”

4.4 Vue第一式——简单数据绑定

“小子，听好了，现在我教你**Vue使用法则第一式——简单数据绑定**。”叶老继续兴奋地说道。叶小凡两眼放光，露出渴望的眼神。

Vue使用方法的第一步是获取Vue的库，这个库可以从网上下载到本地，也可以直接用网上的在线链接，一般建议将其下载下来。下面给出一个在线地址。

```
<script src="https://cdn.jsdelivr.net/npm/vue@2.5.16/dist/vue.
min.js">
</script>
```

当然，还有很多其他下载链接，可以在网络中搜索。如果找不到下载js文件的地址，最简单的办法是在浏览器的地址栏中输入：

```
https://cdn.jsdelivr.net/npm/vue@2.5.16/dist/vue.min.js
```

然后就会看到Vue文件的源码了，直接复制它，然后在本地创建一个Vue.js的空文本，将源码复制并粘贴进去就可以了。再回过头来看刚才的例子，我们把它改造一下，制作一个简单的登录页面吧。

```
<table border="1" cellpadding="0" cellspacing="0">
    <tr>
        <th colspan=2 align="center">登录界面</th>
    </tr>
    <tr>
        <td>请输入用户名:</td>
        <td><input type=text name=user size=16></td>
    </tr>
```

```
    <tr>
        <td>请输入密码:</td>
        <td><input type=password name=pwd size=16></td>
    </tr>
    <tr>
        <td colspan=2 align="right"><input type=submit value='登
录'></td>
    </tr>
</table>
```

登录界面	
请输入用户名:	
请输入密码:	
	登录

图 4-2　页面效果

页面效果如图 4-2 所示。这是一个非常简单的登录页面，现在，我们希望将用户名和密码都进行数据绑定。以往的做法是用 jQuery 获取用户名和密码这两个 input 输入框中的 jQuery 对象，从而拿到值，这是传统 DOM 的做法。之前已经说了，方式不唯一，手段有很多，但是我们真正的目的只是显示数据而已。在这里也是一样，我们想要的是什么，不就是用户名和密码的值吗？最好的方法就是在 JavaScript 里面设置 2 个变量，并与用户名和密码这两个 input 输入框的值绑定起来，一旦其中任何一个输入框的输入变化，相应的变量也立刻一起改变，Vue 就可以帮我们办到这一点！

第二步是在页面中正式引入 Vue。

```
<script src="https://cdn.jsdelivr.net/npm/vue@2.5.16/dist/vue.
min.js">
</script>
```

Vue 引入了，到底成不成呢？那就用浏览器运行一下，按 F12 键打开"调试"窗口，单击 Network 标签查看运行结果。

结果如图 4-3 所示。确保成功引入了即可，不要因为检查某些单词的拼

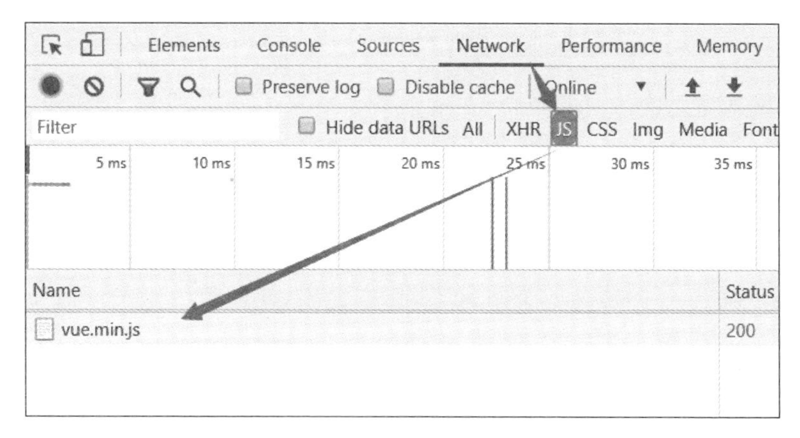

图 4-3 运行结果

写错误而浪费很多时间。

第三步是创建一个 Vue 对象。这个 Vue 对象用来把用户名和密码的数据变量和视图关联起来。

```
new Vue({
  el: 'table',
  data: {
    username: 'jack',
    password: '88888888'
  }
})
```

下面逐行解释一下。new Vue 表示创建一个 Vue 对象,这是必须写的,目的是让这个页面的元素交给 Vue 统一管理,有点类似 Java 中的 Spring 框架。简单来看,就是 new 了一个 Vue 对象。

```
new Vue()
```

Vue()可以看成是一个构造函数。啥,你还不知道啥叫构造函数?好吧,所谓构造函数,其实就是一个函数。然后,当 new Vue 对象的时候,还需要传递一个参数,而这个参数,就是一个 json 对象。

```
new Vue({})
```

json 对象是键值对的集合，在这个例子中有 2 个键，分别为 el 和 data，el 的值是一个字符串，data 的值是一个 json 对象，这是从表面上可以看到的，至于将这些数据组成的 json 对象放入 Vue 构造函数后又发生了什么，这个是 Vue 框架内部做的事情。我们目前只学习如何使用 Vue，不做过多讨论。

刚才说道，el 的值是一个字符串，在本例中，el 的值为字符串"table"，很明显这是一个选择器。当然，也可以给这个页面的 table 设置一个 id，如 login，那么 el 的值便要改成#login 了。

```
el: 'table',
```

这行代码的含义是告诉 Vue 我现在要对这个页面上的一个叫作 table 的标签进行全面管控了。从此，该页面的第 1 个 table 标签(其实只有一个)就会被纳入 Vue 的管理之下了。

```
data: {
    username: 'jack',
    password: '88888888'
}
```

上述代码表示一个 data 属性，它的值又是一个 json 对象，设置了 2 个键值对，分别为 username 和 password，并且给出了默认值。这就是告诉 Vue，在 table 里面，我声明了 2 个数据变量，分别为 username 和 password。

数据变量做好了，接下来就要绑定啦！给谁做绑定呢？自然是 table 里面的那两个输入框啦。绑定的方法也是非常简单的，只需要在 input 元素上设置一个叫作 **v-model** 的属性就行了，v-model 的属性值需要与 data 里面对应的数据变量一致，代码如下。

```
<input v-model="username" type=text name=user size=16>
<input v-model="password" type=password name=pwd size=16>
```

这样就行了，看看效果吧。

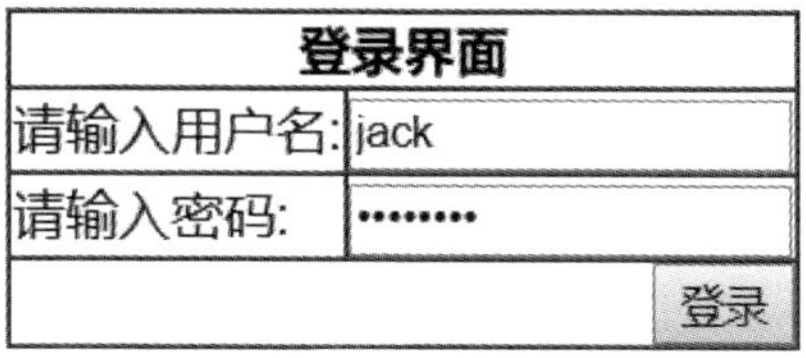

登录界面	
请输入用户名:	jack
请输入密码:	••••••••
	登录

图 4-4　运行结果

结果如图 4-4 所示。绑定成功了吗，该如何证明呢？很简单，比如我现在去 Vue 里面把数据变量 username 的值改变，页面就会同时发生变化，代码如下。

```
new Vue({
  el: 'table',
  data: {
    username: 'rose',
    password: '88888888'
  }
})
```

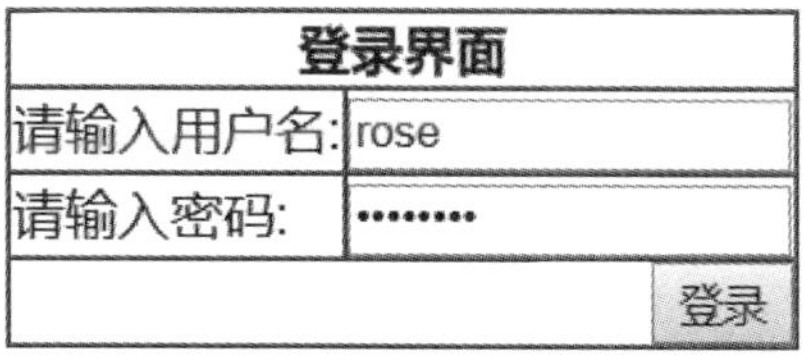

登录界面	
请输入用户名:	rose
请输入密码:	••••••••
	登录

图 4-5　运行结果

结果如图 4-5 所示。如果手动修改输入框中的值，Vue 里面的数据变量 username 的值也会改吗？现在把输入框中的值改为 lucy。

登录界面	
请输入用户名:	lucy
请输入密码:	••••••••
	登录

图 4-6　运行结果

结果如图 4-6 所示。可能你会觉得很奇怪，怎么才能知道代码里面的变量有没有变化呢？很简单，按 F12 键打开调试工具，在 console 控制台里面输入 username，看看有没有变化不就知道了吗？

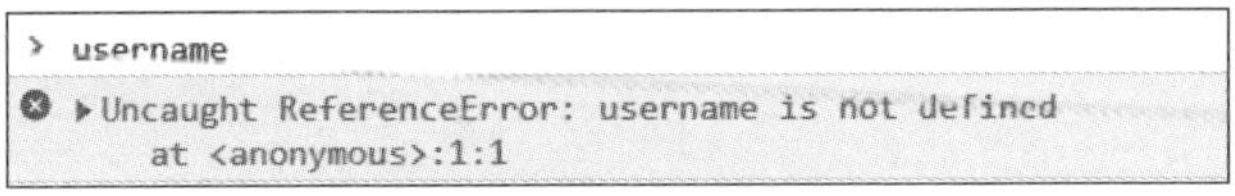

```
> username
❌ ▶Uncaught ReferenceError: username is not defined
    at <anonymous>:1:1
```

图 4-7　运行结果

结果如图 4-7 所示。结果行不通，显示 username 没有定义。这是为什么呢，因为在 console 控制台里面输入 username 的意图是打印全局变量里面的 username，可是 username 是 Vue 对象构造函数里面的 data 属性，肯定不可能是全局变量。那怎么办呢，方法自然是有的，比如，我们可以设置一个全局变量接收这个 new 出来的 Vue 对象。

```
var vue = new Vue({
  el: 'table',
  data: {
    username: 'rose',
    password: '88888888'
  }
})
```

这样一来，Vue 对象就有名字了，叫作 vue，而且 Vue 对象现在处于全局作用域中，我们要想拿到 username，这样输入即可。

```
vue.username
```

结果如图 4-8 所示。成功了，这就说明当我们手动修改用户名输入框中的值时，Vue 里面的数据变量 username 的值也会改变。需要注意的是，v-model 通常用于表单组件的绑定，如 input 和 select 等，v-model 与v-text 的区别在于它实现的是表单组件的双向绑定，即用于表单控件以外的标签是没有用的。比如，给一个

```
> vue.username
<· "lucy"
```

图 4-8　运行结果

span 标签设置 v-model 是没有用的。下面在“登录”按钮的旁边设置一个登录错误信息提示，代码如下。

```
<tr>
    <td colspan=2 align="right">
        <span style="color: red;">用户名或者密码错误</span>
        <input type=submit value='登录'>
    </td>
</tr>
```

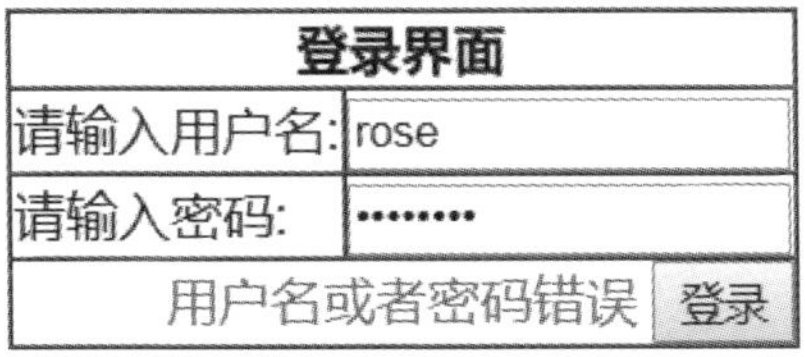

登录界面	
请输入用户名:	rose
请输入密码:	••••••••
用户名或者密码错误	登录

图 4-9　运行结果

结果如图 4-9 所示。我们把错误信息也做成 Vue 数据绑定的形式，在 data 里面增加一个 errMsg 属性，再用 v-model 给 span 标签做绑定。

```
var vue = new Vue({
  el: 'table',
  data: {
    username: 'rose',
    password: '88888888',
    errMsg:'用户名或者密码错误'
  }
})

<tr>
    <td colspan=2 align="right">
        <span style="color: red;" v-model="errMsg"></span>
        <input type=submit value='登录'>
    </td>
</tr>
```

刷新浏览器，发现丝毫没有作用。那么，应该如何给非表单组件绑定文本数据呢？Vue给我们提供了两个方案，一个是用v-text标签，另一个是用双大括号。首先测试一下v-text标签。

```
<span style="color: red;" v-text="errMsg"></span>
```

登录界面	
请输入用户名:	rose
请输入密码:	••••••••
用户名或者密码错误	登录

图 4-10　运行结果

结果如图4-10所示。除了用v-text标签，另一种办法是用双大括号，比如，代码还可以这样写。

```
<span style="color: red;" >{{errMsg}}</span>
```

两种方法的效果是一样的，一般推荐使用v-text标签，因为如果用双大括号的方式，则在浏览器加载速度较慢的情况下会看到{{errMsg}}一闪而过的画面，这样的话，用户体验不是很好。顺带说一句，如果想要显示HTML代码，则可以用v-html标签。

好了，以上就是Vue第一式——简单数据绑定的全部内容了。

4.5　Vue第二式——灵活有趣的事件绑定

4.5.1　v-on监听事件

本节讲解Vue第二式——灵活有趣的事件绑定。首先，最基础的，关于事件绑定，第一个要学会Vue事件监听。什么是事件监听呢？简单来说，比如你要去捕猎魔兽，抓一只狂暴飞天虎，可能需要事先设置一个陷阱，等到老虎走进陷阱，就会使机关被触发。那么，这个等待的过程，就叫作监听，监听什么呢？就是监听魔兽上钩这个事件！

在HTML的世界里,与事件监听有关的大部分是表单组件。比如一个input框,你用鼠标单击了一下,这就是一个**获得焦点事件**;用键盘“噼里啪啦”一顿敲,这就是一个**输入框值变化事件**;敲键盘敲累了,鼠标指针离开输入框,在外面随便什么地方点了一下,这又是一个**失去焦点事件**;一个按钮,你按了一下,这就是一个**单击事件**;不小心手一抖点快了,连续点了两下,这又是一个**双击事件**。可以说,事件无处不在。利用传统的方式,可以给组件添加onclick属性,以达到事件绑定的目的。在Vue中,则可以使用**v-on:事件名称**的方法进行事件绑定。

比如,还是之前的页面,我们要制作一个效果,就是当选中某一个输入框的时候,就给这个输入框添加一个外边距margin。这该怎么做呢?很简单,首先明确这是一个**获得焦点事件**。具体的行为是鼠标在用户名的输入框上单击一下,用户名的输入框就添加一个外边距margin。代码如下,第一步是绑定事件。

```
<input v-on:focus="handleFocus" :style="userNameStyle" type=
"text"
name="user" size="16" v-model="username">
```

handleFocus是一个函数的名字,在Vue中,所有的处理函数都需要在methods属性里面设置,代码如下。

```
methods:{
    handleFocus: function(){
        this.userNameStyle ={
            margin:'16px'
        };
    }
}
```

this.userNameStyle代表Vue对象的data中有一个属性叫作userNameStyle,它的值是一个json对象,用来设置username的输入框样式。我们还要在data里面添加这个数据变量,默认值设置一个空对象即可。

```
data: {
    username: 'rose',
```

```
        password: '88888888',
        errMsg:'',
        userNameStyle: {}
    },
```

运行代码后可以发现，在选中 username 的输入框的时候，margin 的效果就体现出来了。

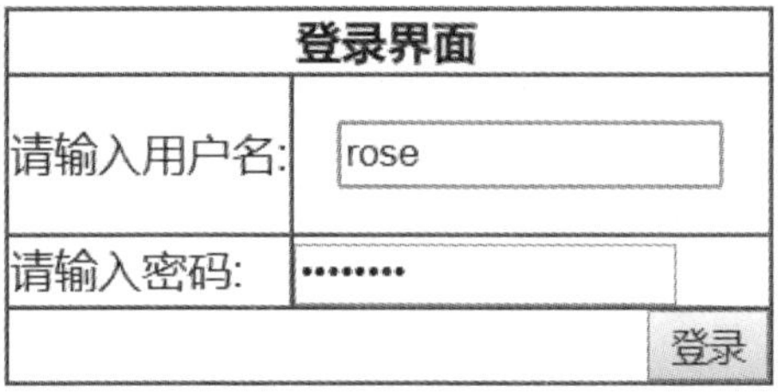

登录界面

请输入用户名: rose

请输入密码: ••••••••

登录

图 4-11 运行结果

结果如图 4-11 所示。同时，当 username 的输入框失去焦点时，应该让 margin 变回原样，代码如下。

```
<input v-on:focus="handleFocus" v-on:blur="handleBlur" :style="
userNameStyle" v-model="username" type=text name=user size=16>
```

函数的代码如下。

```
handleBlur: function(){
    this.userNameStyle = {};            //重新把样式置空
}
```

当然，也可以尝试一些其他特效，比如改变边框的颜色。在获得焦点的时候，将边框颜色改变成粉红色，代码如下。

```
methods:{
    handleFocus: function(){
        this.userNameStyle ={
            borderColor:'pink'
        };
```

```
    },
    handleBlur: function(){
        this.userNameStyle = {};        //重新把样式置空
    }
}
```

需要额外说明的是，用 v-on 进行事件监听是 Vue 的一贯做法。另外，Vue 还提供了一种简便的写法，就是用“@”。比如，我们需要绑定一个单击事件，可以写 **v-on:click**，还可与简写成**@click**。这两种事件绑定的方式是等效的。:style 的写法是 Vue 属性绑定，我们会在后面的章节中讲到。

4.5.2 处理事件冒泡

上一节，我们讲了 Vue 处理事件监听的机制。首先简单复习一下，事件监听一般都是用在表单组件上面的，比如 input 输入框，它可以添加很多事件。要想添加事件监听，就需要在对应的表单组件上添加 **v-on: xxx** 属性。另外，Vue 还提供了一种简写形式，就是直接用“@”符号。事件监听对应一个处理函数，这个函数需要写在 Vue 对象的 methods 属性里面。

这一节，让我们看一看 Vue 是如何处理事件冒泡的。

事件冒泡是 Vue 事件修饰符的一种，Vue.js 提供了多种事件修饰符以方便开发者使用，它们分别是：

```
.stop
.prevent
.capture
.self
.once
```

先说说事件冒泡吧，事件冒泡的概念有点晦涩，我们还是举一个例子吧。假设现在有这样的情况：有 2 个 div，父 div 嵌套了子 div；父 div 有一个单击事件，子 div 也有一个单击事件。当单击子 div 的时候，因为子 div 在父 div 里面，页面又不知道你到底想单击子 div 还是父 div，那么咋办呢？结果就是先触发子 div 的单击事件，再触发父 div 的单击事件。现在就让我们用实际的代码把这个场景重现出来吧。老规矩，我们还是使用之前的代码。

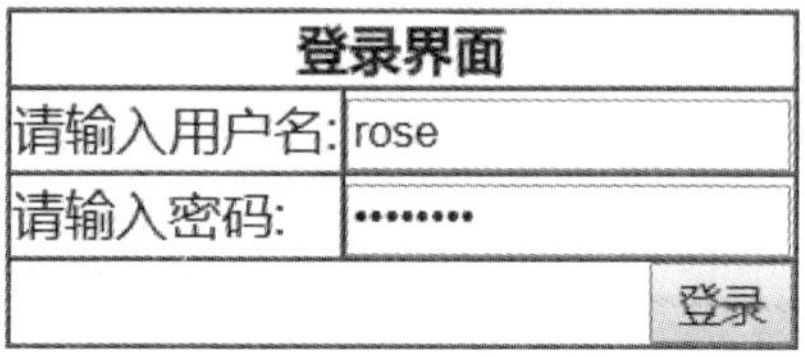

登录界面	
请输入用户名:	rose
请输入密码:	••••••••
	登录

图 4-12　运行结果

结果如图 4-12 所示。这是原来的页面，我们给“登录”按钮外面的 td 设置了一个单击事件，同时也给按钮添加了一个单击事件，这一次就用简写形式实现吧。

```
<td colspan=2 align="right" @click="modelClick">
    <span style="color: red;" v-text="errMsg"></span>
    <input type=submit value='登录' @click="btnClick">
</td>
```

可以看到，外层的 td 有一个单击事件 modelClick，td 里面的 input 提交按钮也有一个单击事件 btnClick，接下来编写这两个单击事件，为了简单起见，单纯地用 console.log 输出一句话即可。

```
modelClick: function() {
    console.log('modelClick');
},
btnClick: function() {
    console.log('btnClick');
}
```

保存代码，刷新页面，按 F12 键打开调试窗口。当单击“登录”按钮时，就可以看到如下效果。

效果如图 4-13 所示。这就是事件冒泡。显然，我们的本意只是触发“登录”按钮的单击事件罢了，根本不想触发外面的 td 的单击事件。事件冒泡的结果是我们不希望看到的，因此，我们要去消除事件冒泡。这个时候，就需

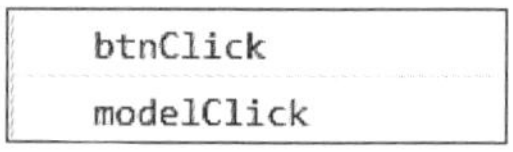

```
btnClick
modelClick
```

图 4-13　运行效果

要用到事件修饰符中的.stop了。

.stop是一种Vue事件修饰符，它的作用是阻止事件冒泡。在上面的例子中，只需要给按钮的@click后面加上.stop，代表停止冒泡，就不会再触发父元素的@click了。让我们试验一下。

```
<input type=submit value='登录' @click.stop="btnClick">
```

效果是只会打印btnClick，不会打印modelClick。

事件修饰符.prevent的作用是阻止提交。我们知道，form表单组件和a链接组件都会导致页面刷新和跳转。如果不希望页面刷新，则可以加上.prevent以阻止这种默认的刷新操作。注意：.prevent只对form和a标签有效。

事件修饰符.capture的作用是优先触发，比如在上面的例子中，如果不阻止冒泡，而在外层td元素上添加这个修饰符，则会优先触发modelClick，然后触发按钮自己的单击事件，这就是一个优先级的调整，代码如下。

```
<td colspan=2 align="right" @click.capture="modelClick">
    <span style="color: red;" v-text="errMsg"></span>
    <input type=submit value='登录' @click="btnClick">
</td>
```

事件修饰符.self的作用是：当仅单击元素本身时，只允许元素自己触发，子元素无法触发。还是刚才的例子，在外层td元素上添加这个修饰符，当单击外层td的部分(不单击按钮部分)时，就会只触发modelClick，不会触发按钮自己的单击事件，代码如下。

```
<td colspan=2 align="right" @click.self="modelClick">
    <span style="color: red;" v-text="errMsg"></span>
    <input type=submit value='登录' @click="btnClick">
</td>
```

简单了解这个修饰符即可，因为这种行为本来就是默认的。“登录”按钮被嵌套在td中，单击td中非按钮的部分只会触发td自己的单击事件。

事件修饰符.once表示只触发一次，还是刚才的例子，如果给td的单击事件加上.once修饰符，那么modelclick就只会触发一次。

```
<td colspan=2 align="right" v-on:click.once="modelClick">
    <span style="color: red;" v-text="errMsg"></span>
    <input type=submit value='登录' @click="btnClick">
</td>
```

多次单击“登录”按钮的效果如图4-14所示。

```
btnClick
modelClick
6 btnClick
```

图4-14　运行效果

4.6　Vue第三式——条件语句

任何业务场景基本都离不开条件语句。Vue提供的条件语句中用得最多的就是以下几个。

```
v-if
v-else
v-else-if
```

继续以之前的登录页面为例，当单击“登录”按钮的时候，如果后台返回数据的速度比较慢，那么就显示“登录中…”，这样可以有效防止用户多次单击“登录”按钮。如果用户这么做，就会给程序后台服务增加不少的压力。因此，如果在用户第一次单击“登录”按钮的时候就立刻把按钮换掉，便能有效地遏制这种情况的发生了。

具体来说，我们希望达到的效果就是，当第一次单击“登录”按钮的时候，“登录”按钮上面的“登录”二字变成“登录中…”的字样。当后台成功返回数据或者超时后，就在页面上显示相应的信息，同时让“登录”按钮再变回原样。

首先，让我们给“登录”按钮加一个 v-if。

```
<input v-if="!isLogining" type=submit value='登录' @click="
btnClick">
```

意思就是，只有当 isLogining 这个数据变量的值为假的时候，才显示“登录”按钮。isLogining 需要写在 data 里面，我们给出一个默认值 false。这很好理解，用户还未单击“登录”按钮的时候，认为当前状态不是“登录”中，isLogining 的值就是 false，!isLogining 的值就是 true，这样一来“登录”按钮就可以名正言顺地显示啦。

```
data: {
    isLogining:false,
    username: 'rose',
    password: '88888888',
    errMsg:'',
    userNameStyle: {}
},
```

然后，当单击“登录”按钮时，就会触发 btnClick 方法，需要在这个方法里面将 isLogining 的值变为 true，代表当前页面的状态为“登录中”，代码如下。

```
btnClick: function() {
    console.log('btnClick');
    this.isLogining = true;
}
```

现在单击“登录”按钮，可以发现“登录”按钮消失不见了。这个不是我们希望看到的效果，我们希望的是在单击之后让“登录”按钮变成“登录中…”。那么，不妨再重新添加一个按钮，出现的条件与“登录”按钮完全相反即可，代码如下。

```
<td colspan=2 align="right" v-on:click.once="modelClick">
    <span style="color: red;" v-text="errMsg"></span>
    <input v-if="!isLogining" type=submit value='登录' @click="
btnClick">
```

```
    <input v-else type=submit value='登录中...'>
</td>
```

“登录中”按钮紧跟在“登录”按钮下面，属性为 v-else，不需要后缀。因为上一行代码有 v if，所以 v-else 就表示与上面的逻辑正好相反。现在，可以刷新一下页面，单击一下“登录”按钮试一试。

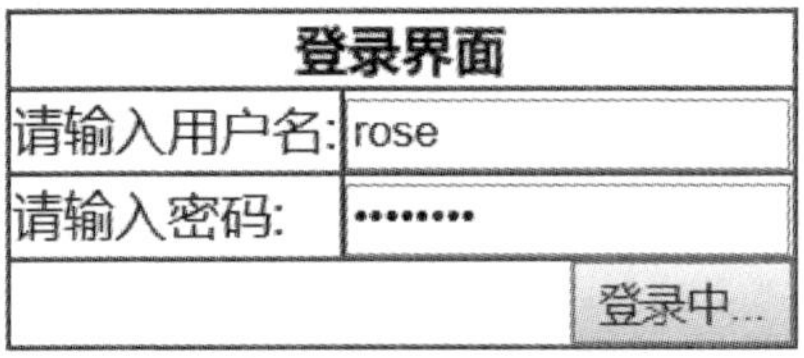

登录界面	
请输入用户名:	rose
请输入密码:	••••••••
	登录中...

图 4-15 运行结果

结果如图 4-15 所示，出现了一个“登录中”按钮。接下来，要完成下一项工作，一般这个时候，前端就会采用 ajax 等技术向后台发起登录请求了。后台过一会儿，就会返回一个响应，告诉前端页面是否登录成功。下面用延时函数模拟一下即可，代码如下。

```
btnClick: function() {
    console.log('btnClick');
    this.isLogining = true;
    //模拟发起请求,2 秒后后台返回结果
    setTimeout(function(){
        this.errMsg = '登录失败,请检查密码是否正确?';
        this.isLogining = false;
    },2000);
}
```

刷新页面，看一下效果。

结果如图 4-16 所示，结果发现，页面一直保留在这个状态。到底是回调函数出了问题，还是 setTimeout 压根就没有起作用呢？为了测试，不妨在 setTimeout 的回调函数里面添加一个弹窗。

登录界面
请输入用户名: rose
请输入密码: ••••••••
登录中...

图 4-16　运行结果

```
setTimeout(function(){
    alert();
    this.errMsg = '登录失败,请检查密码是否正确?';
        this.isLogining = false;
},2000);
```

结果发现,弹窗成功弹出来了,说明 setTimeout 起作用了,那么就可以确定回调函数的代码出了问题。其实,这个问题早在**函数七重关之六(new 一个函数)**中就已经提到过,当时是这么说的: **this 永远指向当前函数的调用者**。这句话是关于 this 的一条铁律,该怎么理解这句话呢?首先,这句话透露出的第一个信息就是,this 要么不出现,一旦出现,就一定出现在函数中;第二个信息是,this 指向函数的调用者,换句话说,这个函数是谁调用的,那么 this 就是谁。

现在再来好好品味一下这段代码。

```
setTimeout(function(){
    this.errMsg = '登录失败,请检查密码是否正确?';
    this.isLogining = false;
},2000);
```

this.errMsg 和 this.isLogining 出现在一个函数里面,这没有问题。那么,this 指向函数的调用者,这个调用者是谁呢?究竟是谁调用了这个匿名函数,答案呼之欲出,调用者自然不是当前的 Vue 对象,而是 window 对象。

我们这样写,也是等价的。

```
//模拟发起请求,2 秒后后台返回结果
window.setTimeout(function(){
    alert();
```

```
        this.errMsg = '登录失败,请检查密码是否正确';
        this.isLogining = false;
    },2000);
```

这也是初学者经常会犯的一个错误，在实际的代码编写过程中，每当遇到这种回调函数的情况，一定要特别小心，重点要看当前这个函数是不是 Vue 对象自己的函数。我们知道，代码写到现在，编写的函数都是放在 methods 里面的，数量并不多，其中也并没有一个叫作 setTimeout 的函数。setTimeout 函数是一个延时函数，属于 window 对象。因此，上面的代码实际上相当于这样。

```
window.setTimeout(function(){
    alert();
    window.errMsg = '登录失败,请检查密码是否正确';
    window.isLogining = false;
},2000);
```

很明显，这样做其实并没有什么意义，相当于在回调函数里面给全局变量 errMsg 和 isLogining 设置了值，这个事情与 Vue 没有任何关系，因此没有达到我们预期的效果。那么问题来了，如何解决这个麻烦呢？最简单也是最容易想到的办法就是直接写 Vue 对象，就是在 new Vue 的时候把它赋给一个叫作 vue 的变量，代码如下。

```
var vue = new Vue({ … });
```

那么，现在直接使用这个变量就行了。

```
//模拟发起请求,2 秒后后台返回结果
setTimeout(function(){
    alert();
    vue.errMsg = '登录失败,请检查密码是否正确';
    vue.isLogining = false;
},2000);
```

结果如图 4-17 所示。其实，这并不是常见的解决办法，在实际开发中，我

登录界面	
请输入用户名:	rose
请输入密码:	·········
登录失败，请检查密码是否正确?	登录

图 4-17　运行结果

们应该这么做,代码如下。

```
//随便定义一个变量 that,将 this 的指向存起来
var that = this;
//模拟发起请求,2 秒后后台返回结果
setTimeout(function(){
    //在回调函数里面取不到 this,但是可以用 that,that 变量指向的不就是
      外面的 this 嘛!
    that.errMsg = '登录失败,请检查密码是否正确';
    that.isLogining = false;
},2000);
```

在能获取 this 的地方新定义一个 that 变量,将 Vue 对象存起来,然后在回调函数里面调用即可,这种做法是较为普遍的。

4.7　Vue 第四式——循环语句

这一节,我们谈谈 Vue 的循环语句。试想这样一个场景:需要给登录页面添加一个简单的权限控制,区别当前的登录用户是普通用户、游客还是管理员。不妨添加一个下拉框吧,代码如下。

```
<tr>
    <td>请选择身份:</td>
    <td>
        <select v-model="role">
            <option value="1">我是游客</option>
```

```
                <option value="2">我是普通用户</option>
                <option value="3">我是管理员</option>
            </select>
        </td>
    </tr>
```

这里我们是用 select 下拉框实现的，select 是 form 表单元素里面的一种组件，用于展现下拉框。身份字段对应的变量是 role，别忘了还要在 data 里面加上这个数据变量，不然会因为数据无法绑定而报错。代码如下。

```
data: {
    role : '1' ,        //默认是游客
    isLogining:false,
    username: 'rose',
    password: '88888888',
    errMsg:'',
    userNameStyle: {}
},
```

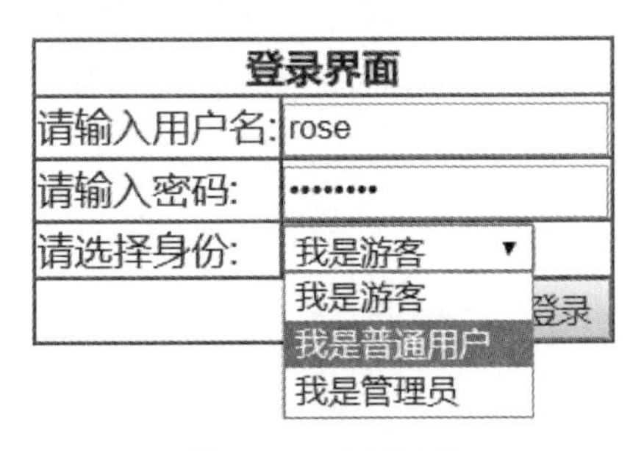

图 4-18　运行结果

结果如图 4-18 所示。这样做自然是没有问题的，这里用到了数据字典的方式。所谓数据字典，就是指实际上与后台的交互往往不会直接传递中文字符串。比如用户权限，我们不可能直接给后台传递“我是游客”这样的中文字符串，最终在数据库里面存储的肯定是诸如 1、2、3 这样的数字或者字母。那么，万一哪天后台的数据字典发生变化了咋办？现在的“1”代表“我是游客”，以后改成“0”代表“我是游客”了，就要更改代码，很麻烦。所以，传统的做法

就是：由于这种字典数据都是从后台获取的，因此以后就算有变化，直接修改数据库就行了，不管是后台代码还是前端页面，都不需要修改。现在，我们就把数据模拟在data里面，代码如下。

```
roleList: [
    {value:'1',label:'我是游客'},
    {value:'2',label:'我是普通用户'},
    {value:'3',label:'我是管理员'}],
```

把原来的下拉框代码删除，用Vue提供的循环语句遍历即可，代码很简单，一看便知。

```
<tr>
    <td>请选择身份:</td>
    <td>
        <select v-model="role">
            <option v-for="role in roleList" value="role.value">
{{role.label}}</option>
        </select>
    </td>
</tr>
```

原则就是，你想要遍历谁，就把谁当作模板。我们想要遍历的是option组件，那就给它加上v-for，role in roleList表示遍历的数组对象是data里面一个叫作roleList的数组。(刚刚已经定义了)，role是每次遍历出来的循环项，当然，它也可以不叫role，叫aaa、bbb都可以，它只是一个名字而已。但是，一旦v-for="role in roleList"这句话被写上去了，要想再拿循环项里面的东西(value和label)，就必须写role了。顺带说一句，你还可以这么写：

```
<option v-for="role, index in roleList" value="role.value">
{{index+1}}.{{role.label}}</option>
```

index表示遍历出来的序号，默认从0开始，这里就给它加一个1，表示从1开始。

结果如图4-19所示，你发现问题了吗？

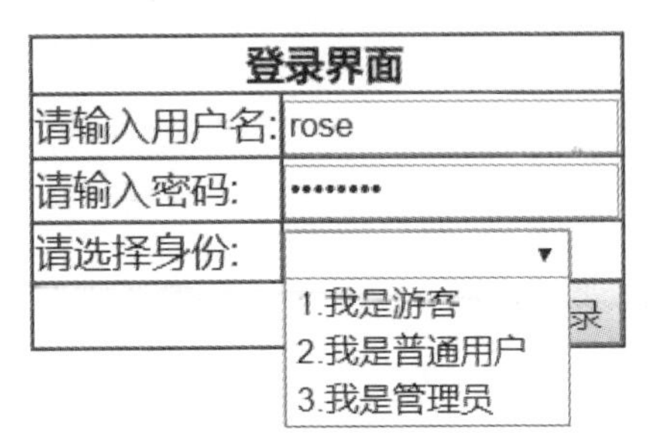

图 4-19　运行结果

问题就是，在我们没有做循环遍历之前，因为 role 的默认值为 1，所以按理说页面上应该默认显示“我是游客”，但是现在却是空的，原因肯定是 value 的值出问题了。按 F12 键调试一下看看，果不其然。

```
▼<select> == $0
    <option value="role.value">1.我是游客</option>
    <option value="role.value">2.我是普通用户</option>
    <option value="role.value">3.我是管理员</option>
  </select>
```

图 4-20　运行结果

结果如图 4-20 所示。为什么会这样呢？那是因为 value 作为 select 组件的一个属性，我们希望用 Vue 的方式绑定组件的属性，所以需要用额外的方式，具体请看下一节中有关 Vue 的属性绑定。

4.8　Vue 第五式——属性绑定

Vue 的属性绑定很简单，记住两个招式就够了。

```
v-bind 做属性绑定
v-bind:xxx 简写成 :xxx
```

还是使用上一节的例子，由于我们给 option 绑定 value 属性失败了，因此采用 Vue 属性绑定的办法。

```
<option v-for="role,index in roleList" v-bind:value="role.value"
>{{index+1}}.{{role.label}}</option>
```

也可以简写成：

```
<option v-for="role, index in roleList" :value="role.value">
{{index+1}}.{{role.label}}</option>
```

这两种方式是等价的。

4.9　Vue 第六式——Vue 组件开发

根据上面的章节，我们已经完成了一个简单的登录页面，但是还有很多美中不足的地方，比如现在的样式还比较原始。这一节，就让我们先将“登录”按钮优化一下吧。简单起见，我们就直接在按钮上写 style 样式就可以了，代码如下。

```
<input v-if="!isLogining" type=submit value='登录' @click="
btnClick" style="background: deepskyblue; color: #fff; border:
none; padding: 2px 10px; border-radius: 6px; margin: 2px 6px;">
```

图 4-21　运行结果

结果如图 4-21 所示。这样操作自然是可以的，按钮可以被美化。可是，如果哪天又要改动按钮的颜色，咋办？甚至需要制作一个按钮组。比如，红色的按钮用来删除，蓝色的按钮用来新增，黄色的按钮用来修改。这一系列的要求是很常见的，我们可以使用 Vue 的相关语法制作一套按钮组件，以完成这样的需求，同时也可以大大提升程序的健壮性和可扩展性。

组件也可以成为一种模板，你只需要照着这个模板把需要的参数传进去就能得到想要的效果。接下来，让我们跟着代码的节奏，一步一步地完成自己的组件制作。

把刚才按钮的代码复制一下，写在 Vue 的 components 属性里面。components 属性是和 data 与 methods 平级的，代表当前 Vue 对象的局部组件。

```
//局部组件
components:{
    'coolBtn' : {
        template:"<input value='按钮名称' type='button' style=\"
background: deepskyblue; color: #fff; border: none; padding: 2px
10px; border-radius: 6px; margin: 2px 6px;\">"
    }
}
```

按钮的代码需要放在 template 里面，注意，在复制的时候，里面的双引号需要转义，转义的方法是加一个反斜杠“\”，或者直接把里面的双引号改成单引号。

然后，在视图里面就可以直接调用这个组件了，调用的方式就和写普通的 HTML 标签一样，但是标签名要和组件名称保持一致。在这个例子里面，标签名就是 coolBtn。下面把“登录”按钮注释掉，换成我们自己的按钮组件。代码如下。

```
<td colspan=2 align="right" v-on:click.once="modelClick">
    <span style="color: red;" v-text="errMsg"></span>
    <!--<input v-if="!isLogining" type=submit value='登录' @
click="btnClick" style="background: deepskyblue; color: #fff;
border: none; padding: 2px 10px; border-radius: 6px; margin: 2px
6px;">
    <input v-else type=submit value='登录中...'>-->
    <coolBtn></coolBtn>
</td>
```

结果发现视图中并没有显示出我们希望看到的按钮。

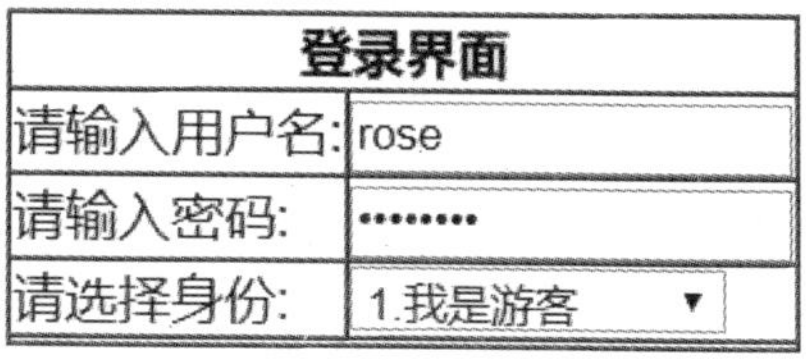

登录界面	
请输入用户名:	rose
请输入密码:	••••••••
请选择身份:	1.我是游客 ▼

图 4-22 运行结果

结果如图 4-22 所示,这是什么原因呢?让我们再来看一下设置按钮组件的代码,给按钮组件取的名字是 coolBtn,这是一种驼峰式的命名法。对于这种驼峰式的命名,在调用组件的时候需要格外注意,每次要换成大写字母的地方都需要额外添加一个半字线(-),然后大写字母还是转变成小写字母,像这样。

```
<cool-btn></cool-btn>
```

这一点对于初学者而言要尤其注意,再看一下效果。

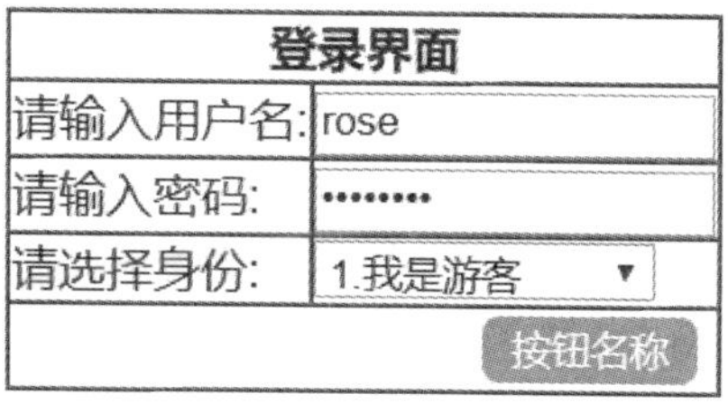

登录界面	
请输入用户名:	rose
请输入密码:	••••••••
请选择身份:	1.我是游客 ▼
	按钮名称

图 4-23 运行结果

结果如图 4-23 所示。于是,按钮就显示出来了。现在,按钮的名字还没有确定,只是一个默认值。对于一个组件来说,按钮具体显示什么文字应该交给按钮的调用者决定。因此,需要给按钮组件添加一个 name 属性。注意,我们自定义的组件也是一个组件,与平时经常写的 div、input 其实是一样的。那么,该如何给自定义组件添加属性呢?方式也是非常简单的,只需要在具体的组件配置项中添加一个 props 属性就可以了,props 属性的值是一个数组,数组里面存放的就是当前组件可以接收的属性名称。讲的再直白一点,我们不是要给它添加一个 name 属性吗，那就这样写。

```
components:{
    'coolBtn' : {
        props:['name'],
        template:"<input value='按钮名称' type='button' style=\"
background: deepskyblue; color: #fff; border: none; padding: 2px
10px; border-radius: 6px; margin: 2px 6px;\">"
    },
},
```

下一个问题是传进来的属性名为 name，这个 name 该如何插入 template 中呢？对于 input 来说，它也是一个组件。我们的 coolBtn 组件无非就是对 input 组件做了一次拓展开发而已。input 也是组件，那么它的 value 就是属性，Vue 绑定属性的方式就是在左边加一个冒号，于是可以这样修改 template。

```
template:"<input :value='name' type='button' style=\"background:
deepskyblue; color: #fff; border: none; padding: 2px 10px; border-
radius: 6px; margin: 2px 6px;\">"
```

总之，value 是普通的属性，:value 是受到 Vue 支配的属性，为了更好地讲清楚二者的区别，我们先看一下当前代码所达到的效果。

图 4-24　运行结果

结果如图 4-24 所示，可以看到，按钮显示出来了，但是字没了。这是因为我们刚刚修改了按钮组件的模板，所以按钮的名字和当前组件内部的 name 属性绑定在一起了。那么，我们给 coolBtn 传递 name 属性了吗？没有，那么现在我们就传递一个 name。

```
<cool-btn name="登录"></cool-btn>
```

登录界面	
请输入用户名:	rose
请输入密码:	••••••••
请选择身份:	1.我是游客 ▼
	登录

图 4-25　运行结果

结果如图 4-25 所示，按钮上出现了“登录”二字。注意，我们给 coolBtn 组件添加的属性是普通的属性，而不是 Vue 的属性绑定。如果在 name 的左侧加一对冒号，又会发生什么呢？

```
<cool-btn :name="登录"></cool-btn>
```

结果报了一个错误，页面直接崩溃了。

```
vue.min.js:6 ReferenceError: 登录 is not defined
    at hn.eval (eval at xa (vue.min.js:6), <anonymous>:1:1628)
    at hn.fn._render (vue.min.js:6)
    at hn.i (vue.min.js:6)
    at St.get (vue.min.js:6)
    at new St (vue.min.js:6)
    at hn.$mount (vue.min.js:6)
    at hn.$mount (vue.min.js:6)
    at hn._init (vue.min.js:6)
    at new hn (vue.min.js:6)
    at 4.html?__hbt=1581229126056:47
```

这又是为什么呢？原因很简单，一旦我们写成了:name，那么就说明我们希望给 name 属性做 Vue 的属性绑定，它会默认在 data 里面寻找是不是有一个叫作**登录**的数据变量。如果找不到，那么不好意思，就直接给你报错。这一点，Vue 还是很严格的。如果我们只是想要传递一个字符串进去，就可以直接用不带冒号的 name，或者这样写：

```
<cool-btn :name="'登录'"></cool-btn>
```

这一行代码的意思，依然是用了 Vue 的数据绑定，但我们只是直接写了一个直接量进去而已。这样的语法是正确的。总之，二者的区别要牢记，它也是初学者学习 Vue 时经常会感到迷惑的地方。

现在按钮名称的问题终于解决了，但又迎来下一个问题，如何设置这个按钮的单击事件。其实这是很简单的，不管怎么说，我们自定义的按钮组件也是一个 Vue 组件，那么就完全可以给它添加 methods 属性，然后把它对应的单击事件写进去就行了。

代码如下。

```
methods:{
    defaultClick:function(){
        alert('啊啊啊,我被点击了!');
    }
}
```

注意，这个 methods 是 coolBtn 里面的 methods，不是外面 Vue 对象的 methods，不要混淆。然后，再给组件模板添加单击事件。

```
<template:"< input @click='defaultClick' :value='name' type='
button' style=\"background: deepskyblue; color: # fff; border:
none; padding: 2px 10px; border-radius: 6px; margin: 2px 6px;\">"
```

测试一下，单击“登录”按钮，应该能看到一个默认的弹窗。但是这样不行啊，因为在更多的时候组件是被封装好的，根本不涉及业务逻辑。比如，在这个例子里面，我们希望调用 coolBtn 组件制作一个登录按钮，但是登录的逻辑是外面 Vue 组件需要做的事情，不能写在按钮组件里面。也就是说，我们希望在子组件的 defaultClick 方法里面调用外面的某个方法。调用外面的什么方法呢？比如在登录的时候随便写了一个方法叫作 login，代码如下。

```
//登录方法
login:function(){
    alert('登录成功!');
}
```

问题来了,子组件怎么知道将来需要调用一个叫作 login 的方法呢? 而且这个方法还是来自于父组件的。这就需要遵循一个原则——约定大于配置。该怎么理解呢? 很简单,就是封装好 coolBtn 组件,因为是按钮,所以肯定要被单击,单击就要调用单击事件。那么不妨就规定好,当 coolBtn 组件触发默认的 defaultClick 方法时,就触发调用者的某个方法,代码如下。

```
methods:{
    defaultClick:function(){
        //alert('啊啊啊,我被点击了!');
        this.$emit('btn-click')
    }
}
```

this.$ emit('btn-click')这句代码的含义是触发该组件绑定的 btn-click 事件所对应的来自于父组件的方法。这句话有点绕,再加一点代码吧,这样一来,coolBtn 的调用就要这么写了:

```
<cool-btn :name="'登录'" @btn-click="login"></cool-btn>
```

可以看到,在调用 coolBtn 的时候新添加了一个 btn-click 事件,因为对于父页面来说,cool-btn 就是一个组件而已,当然可以给一个组件绑定事件。只不过这个事件叫作 btn-click,不是我们熟悉的 click、blur、focus 等。btn-click 是子组件约定的,只要触发 btn-click 事件,子组件就会相应地触发内部的 defaultClick。也就是说,btn-click 就是一个中转站,我们最终的目的是单击 coolBtn 内部的 input 按钮。但 input 按钮在 coolBtn 的内部被封装起来了,我们没办法直接控制它。可一个优秀的组件必须给外部提供完整的访问权限。因此,我们就让 coolBtn 组件的调用者拥有间接地单击内部按钮的能力。

现在,我们再来单击一下按钮,可以看到成功调用了 login 方法。到目前为止，这个按钮组件就初步完成了，只要它可以设置按钮文字，可以单击，它就能够投入使用了。但是，一个好的组件还必须拥有良好的扩展性和选择性。

比如，我们还可以设置按钮的颜色，传递一个 color 属性进去即可。但是调用者还是更喜欢直接得到几个选项自己选择。因此，我们不妨设置几个默认的颜色，供用户选择。

```
1. danger(红色)
2. success(绿色)
3. primary(蓝色)
4. warning(黄色)
```

可以添加一个 type 属性，分别对应 4 种不同的按钮，先把 4 种颜色都准备好。

```
<style>
    .primary {background: #409eff;}
    .danger {background: #f56c6c;}
    .success {background: #67c23a;}
    .warning {background: #e6a23c;}
</style>
```

4 种颜色分别对应 4 种按钮，style 标签放在 head 标签里面即可。通过给组件添加 class 的方式切换不同的按钮风格。目前准备了 4 种不同的按钮，分别为 danger、success、primary、warning。然后给组件增加一个 type 属性，代码如下。

```
props:['name','type'],
```

同样，在 template 里面也要增加这个 class 选项。

```
template:"<input @click='defaultClick' :class='type' :value='
name' type='button' style=\" color: #fff; border: none; padding:
2px 10px; border-radius: 6px; margin: 2px 6px;\">",
```

这样一来，组件的调用者只需要传入一个 type 属性，即可同步更新

template 里面的 class 的值。到目前为止，coolBtn 的完整代码如下。

```
//局部组件
components: {
    'coolBtn': {
        props: ['name', 'type'],
        template: "<input @click='defaultClick' :class='type' :
value='name' type='button' style=\"color: #fff; border: none;
padding: 2px 10px; border-radius: 6px; margin: 2px 6px;\">",
        methods: {
            defaultClick: function() {
                //alert('啊啊啊,我被点击了!');
                this.$emit('btn-click')
            },
        },
        created: function() {
            //alert('按钮初始化');
            if(!this.type) {
                this.type = 'primary'
            }
        }
    },
},
```

这样一来，在调用按钮组件的时候，只需要传入不同的 type 就可以显示出不同风格的按钮了。比如，现在制作一个 success 风格的登录按钮，代码如下。

```
<cool-btn :type="'success'" :name="'登录'" @btn-click="login"></
cool-btn>
```

结果如图 4-26 所示，最后提一句，这个组件是一个局部组件，就是说这个组件因为是在当前页面的 Vue 对象里面定义的，所以只有在这个页面才能使用。其他页面要想使用这个组件，只能把组件的源代码重新写一遍。很明显，这样非常不利于组件的维护和更新，万一对组件进行了修改或者扩展，就需要到每一个使用该组件的页面中修改组件对应的源代码，这是非常麻烦

登录界面	
请输入用户名:	rose
请输入密码:	·········
请选择身份:	1.我是游客 ▼
	登录

图 4-26　运行结果

的。所以，我们可以将这个按钮组件升级为全局组件。全局组件可以在任意页面使用，具体定义方法如下。

```
//全局组件
Vue.component('coolBtn', {
    props: ['name', 'type'],
    template: "<input @click='defaultClick' :class='type' :value
='name' type='button' style=\"color: #fff; border: none; padding:
2px 10px; border-radius: 6px; margin: 2px 6px;\">",
    methods: {
        defaultClick: function() {
            //alert('啊啊啊,我被点击了!');
            this.$emit('btn-click')
        },
    },
    created: function() {
        //alert('按钮初始化');
        if(!this.type) {
            this.type = 'primary'
        }
    }

});
```

这就相当于在总的 Vue 大对象上添加了一个组件，我们不妨新建一个 coolBtn.js，然后把这些代码复制进去。

结果如图 4-27 所示。哪个页面需要用到这个组件，这个页面就引入这个 js 即可。

图 4-27　结果

```
<script type="text/javascript" src="js/coolBtn.js" ></script>
```

注意，因为这个全局组件需要依赖 Vue 的库文件，所以必须先引入 Vue 的核心文件，再引入 coolBtn.js。

4.10　Vue 第七式——计算属性

Vue 的计算属性是指在某些时候需要在页面上动态计算一些值，这些计算的过程可以封装在计算属性的定义里面。让我们具体看一个例子，它可以让你飞快地学会这种计算属性的应用。比如有一个商品打折系统，折扣有 9 折、8 折、7 折和 6.5 折。这个不难，我们用一个数组结合下拉框就可以完成。然后需要一个输入框，允许用户输入商品的价格，最后在一个地方显示商品的折后价格。这是非常简单的一个小例子，下面给出基本的代码。

```
<div id="app">
    请输入商品价格:
    <input type="number" v-model="price" /><br>
    请输入商品折扣:
    <select v-model="discount" style="width: 100px;">
        <option v-for="item, index in discounts" :value="item.
value">{{item.label}}</option>
    </select><br>
    <span style="color: #F00;">成交价: {{price * discount}}元</
span>
</div>
```

对应的 Vue 代码如下。

```
var vue = new Vue({
  el: '#app',
  data: {
      price:0,
      discount:0.9,
      discounts:[{
          value:'0.9',
          label:'9 折'
      },{
          value:'0.8',
          label:'8 折'
      },{
          value:'0.7',
          label:'7 折'
      },{
          value:'0.65',
          label:'65 折'
      }]
  },
  methods: {

  }
})
```

这是一个常见而有效的做法,我们直接用数据绑定和双大括号的方式就可以获取经过计算的数据,效果如图 4-28 所示。

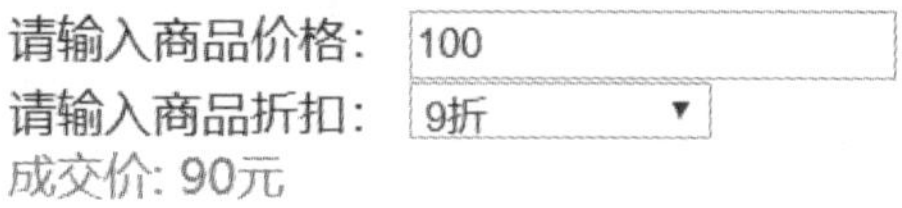

请输入商品价格: 100
请输入商品折扣: 9折
成交价: 90元

图 4-28 运行结果

但是,如果计算过程非常复杂该怎么办呢?举一个最简单的例子,现在要求判断日期,如果当天是 11 月 11 号,那么就需要搞促销,规定商品满 200 元减 50 元,满 400 元减 150 元。这样一来,要想再全部写在一个双大括号里面就显得有些困难了。这个时候,我们可以使用 Vue 提供的计算属性完成这个任务。计算属性也是 Vue 对象里面专有的一个模块,它和 methods、data

是平级的，代码如下。

```
computed: {
    payment:function(){
        var today = new Date();
        //1.先获取今天的日期
        var month = today.getMonth() +1;
        var day = today.getDate();
        //2.根据是否是"双十一",获取返利的金额
        var rebate = 0;
        if(month ==11 && day ==11){
            if(this.price>=400){
                rebate = 150;
            }else if(this.price>=200){
                rebate = 50;
            }
        }
        //3. 得到最终的金额
        return this.price * this.discount -rebate;
    }
},
```

为了方便测试，可以将 month 和 day 换成今天的日期。payment 是计算属性的名称，页面上对应的地方也要改过来。

```
<span style="color: #F00;">成交价: {{payment}}元</span>
```

验证一下，如果输入 190，则会因为达不到满 200 返 50 的要求，打 9 折后应该是 171，如果是 200，则还可以再减掉 50，就是 130。如果是 400，则打 9 折为 360，再减掉 150 后为 210。刷新页面，验证一下程序对不对吧。

4.11 Vue 第八式——监听属性

Vue 可以监听属性的变化，属性既可以是 data 里面定义的数据变量，也可以是自己的 props 模块中定义的数据。这个知识点还是很重要的，很多场

景都会用到。还是老规矩，下面用一个巧妙的案例说明这个知识点。

业务场景为：有一个进度条，它的旁边有一个“增加进度”按钮，当进度达到不同的百分比时，就在进度条上方显示不同的提示，具体代码如下。

```
<div id="app">
    <h2>进行中(0%)</h2>
    <span class="progress"></span>
    <br>
    <cool-btn :type="'warning'" :name="'增加进度'" ></cool-btn>
</div>
```

再配上相关的 CSS：

```
.progress {display: inline-block; background-color: red; width:
0px;height: 18px;}
.primary {background: #409eff;}
.danger {background: #f56c6c;}
.success {background: #67c23a;}
.warning {background: #e6a23c;}
```

因为使用了 coolBtn 组件，所以还要引入必要的 js：

```
<script src="https://cdn.jsdelivr.net/npm/vue@2.5.16/dist/vue.
min.js">
</script>
<script type="text/javascript" src="js/coolBtn.js" ></script>
```

进行中（0%）

增加进度

图 4-29　运行效果

效果如图 4-29 所示。每点击一下“增加进度”按钮，就调用一个方法，让进度条增加 10px 的宽度。首先，需要给 coolBtn 组件添加一个单击事件。

```
<cool-btn :type="'warning'" :name="'增加进度'" @btn-click="
addProgress"></cool-btn>
```

接着，给进度条和上面的文字都加上数据绑定，具体代码如下。

```
<h2>{{msg}}({{progressNum}}%)</h2>
<span class="progress" :style="spanStyle"></span>
```

data 绑定如下。

```
data: {
    msg:'加油,我看好你哦!',
    progressNum:0,
    spanStyle:{}
},
```

最后是增加的函数。

```
methods: {
    addProgress: function(){
        this.progressNum += 10;
        if(this.progressNum>=100){
            this.progressNum = 100;
            this.msg = '大功告成,辛苦了!';
            return;
        }
        var background = 'red';
        if(this.progressNum >=80){
            background = 'green';
            this.msg = '就差一点点了!';
        }else if(this.progressNum >=50){
            background = 'orange';
            this.msg = '有改善咯!';
        }
        this.spanStyle = {
            width:this.progressNum+'px',
            background:background
```

```
            }
        }
    }
```

代码一共给出了3种状态,对应3个不同的提示和进度条颜色。以上是这个需求的常规做法,但是这种做法存在一个问题,那就是addProgress方法显得太冗余了。在加载进度条的过程中,我们可以通过点击按钮不断改变进度,但我们实际上只是希望改变进度的数值,至于进度条的颜色和提示怎样变化,并不应该交给addProgress处理。我们应该让addProgress方法保持干净整洁,至于那些锦上添花的代码,我们可以将其放到监听属性里面,代码如下。

```
var vue = new Vue({
  el: '#app',
  data: {
      msg:'加油,我看好你哦!',
      progressNum:0,
      spanStyle:{}
  },
  watch: {
      progressNum : function(val){
          if(this.progressNum>=100){
              this.progressNum = 100;
              this.msg = '大功告成,辛苦了!';
              return;
          }
          var background = 'red';
          if(this.progressNum >=80){
              background = 'green';
              this.msg = '就差一点点了!';
          }else if(this.progressNum >=50){
              background = 'orange';
              this.msg = '有改善咯!';
          }
          this.spanStyle = {
              width:this.progressNum+'px',
              background:background
```

```
            }
        }
    },
    methods: {
      addProgress: function(){
          this.progressNum += 10;
      }
    }
})
```

Vue 有一个监听模块是和 data、methods 平级的。progressNum 是需要被监听的属性，赋值一个函数，参数 val 为当前监听到的新值。这样一来，我们就把对进度条的操作都转移到了监听函数里面，保证了 addProgress 函数的干净整洁，大幅提升了程序代码的可读性。

4.12　Vue 第九式——过滤器

在很多时候，我们拿到的数据在展示到页面上之前还需要经过一些特殊的处理。比如，我们希望一个单词的首字母为大写，如果页面上有多个地方都有这样的需求，我们就得在每一个地方都进行数据处理，或者编写一个格式化的函数，在每个地方都调用一遍。但是，这种有针对性的数据处理，不应该使用这种偏业务的解决方式，而应该设计一个过滤器，以专门应对这些情况。

比如，我们用纯 JavaScript 的方式新建一个日期对象，我们希望得到的日期格式为 yyyy-mm-dd，可以使用过滤器实现，基本代码如下。

```
var vue = new Vue({
  el: '#app',
  data: {
      today:new Date()
  },
  methods: {
  }
})
```

我们只需要在 data 里面设置一个 today 数据变量，即可表示今天的日期。然后在页面上做数据绑定，直接显示即可。

```
<div id="app">
    今天是:{{today}}
</div>
```

效果是：今天是："2020-02-15T05：15：23.014Z"（日期为笔者写作的日期）。可以看到，js 的日期对象默认 toString 以后就是这种格式的，我们希望得到的只是 2020-02-15。因此，我们需要做一个简单的过滤器。过滤器就是在 Vue 对象中添加一个 filters 模块，然后在里面添加过滤函数的定义即可，代码如下。

```
filters: {
      dateFormat: function(val){
           return val.getFullYear() +'-' +(val.getMonth()+1) +'-'
+val.getDate();
      }
  },
```

dateFormat 其实就是一个函数，不过因为它被写在 filters 模块里面，所以也称之为过滤器。过滤器定义好了以后，再回到页面，哪个数据需要这个过滤器进行过滤，就在竖线后面加上该数据。

```
<div id="app">
    今天是:{{today | dateFormat}}
</div>
```

过滤器还可以叠加使用，比如希望给日期添加一些样式，就可以再添加一个样式过滤器。

```
boxStyle: function(val){
    return "<span style='display:inline-block;padding:6px 10px;
background:pink'>" +val +"</span>"
}
```

因为这个过滤器添加了CSS样式，所以在引用的地方就不能用双大括号了，而应该用v-html进行绑定。如果还是用原来的方式，则得到的结果就是这样的。

```
今天是:<span style='display: inline-block; padding: 6px 10px;
background:pink'>2020-2-16</span>
```

双大括号是不会解析HTML文档内容的，不管你输入什么，都会被当作文本处理，显示的就是text文本。因此，我们需要对数据绑定进行改造，改造的方法就是重新设置一个容器元素，用v-html渲染，具体代码如下。

```
<span v-html="today|dateFormat| boxStyle"></span>
```

然后，效果是一片空白，调试窗口更是报出了错误。

```
vue.min.js:6 ReferenceError: dateFormat is not defined
    at hn.eval (eval at xa (vue.min.js:6), <anonymous>:1:92)
    at hn.fn._render (vue.min.js:6)
    at hn.i (vue.min.js:6)
    at St.get (vue.min.js:6)
    at new St (vue.min.js:6)
    at hn.$mount (vue.min.js:6)
    at hn.$mount (vue.min.js:6)
    at hn._init (vue.min.js:6)
    at new hn (vue.min.js:6)
    at 过滤器.html?__hbt=1581855113076:20
```

为什么会这样呢？原来，Vue从2.0版本开始就不再支持在v-html中使用过滤器了。解决方法是把过滤器当成一个普通方法进行调用。在定义的Vue对象中，所有过滤器都会被挂在$options.filters对象上，因此，我们可以直接这样写。

```
<span v-html="$options.filters.dateFormat(today)"></span>
```

这样一来就可以使用过滤器了，dateFormat是用来过滤日期的，下一步是过滤样式，那就再嵌套一层。

```
< span v - html =" $options. filters. boxStyle ( $options. filters.
dateFormat(today))"></span>
```

不过，像这种用过滤器的方法添加样式的情况毕竟少，所以一般用双大括号就行了。以上的介绍都是局部过滤器，下面再说说全局过滤器。所谓的全局过滤器，就是直接绑定在全局 Vue 对象上的过滤器，任何页面只要引入了它，就都可以使用了。定义全局过滤器的方法如下。

```
Vue.filter('dateFormat', function(val){
        return val.getFullYear() +'-' +(val.getMonth()+1) +'-' +
val.getDate();
    });
Vue.filter('boxStyle', function(val){
    return "<span style='display:inline-block;padding:6px 10px;
background:pink'>" +val +"</span>"
});
```

直接 Vue.filter 即可，接收 2 个参数，第一个参数是过滤器的名字，第二个参数是过滤器的具体实现函数。

4.13 叶小凡的战果

回忆结束。

叶老之前教授给叶小凡的，还只是 Vue 的基本技法，据说后面还有诸如 Vue-cli 脚手架等更加犀利的法术，但是又因为叶老说过，那些得等到叶小凡初步掌握了 Node.js 之后才能学习。叶小凡是一个好学的人，但也明白凡事不能贪多的道理。所谓欲速则不达，叶小凡也就没有继续缠着叶老讨教 Vue-cli 的事情。

“好了，我已经在地面用 Vue 布置了阵法，现在就等着老虎掉入圈套啦。”叶小凡轻松惬意地打起坐来，看着阵法的代码。

```
<div id="栖息地 1">
    <input type="text" v-model="message">
    <p>{{message}}</p>
</div>
<script type="text/javascript">
    new Vue({
        el:'#栖息地 1',
        data:{
            message:'乖乖虎,你过来呀!'
        }
    })
</script>
```

阵法已经做了数据绑定,老虎看到后肯定会被激怒,这个时候再设一个陷阱。于是,叶小凡随手意会,又打出了一段代码流。

```
<button @click="catchObject">机关</button>
```

"嘿嘿,这样一来,机关就做好了,只要老虎一踩到这个机关,就会触发单击事件。哦对了,单击事件函数也要定义一下,就写在方法区吧。"

```
methods:{
    catchObject:function(){
        alert("机关触发,成功抓住!");
    }
}
```

"接下来就只要慢慢等老虎上钩就好了。"

不一会儿,就有一只狂暴飞天虎咆哮着飞了过来,一不小心就触发了单击事件,惊讶之余,身体无法动弹一丝一毫。

"哈哈,这就逮到一只,我还真是幸运呐!"叶小凡咧嘴笑道,伸手便用法术收了魔兽。

在接下来的一段时间里,不断有狂暴飞天虎落入叶小凡的陷阱,不多功夫,已经足足有了10只之多。这些可怜的魔兽被叶小凡用法术降伏着,眼睛里露出委屈的表情。

“红衣弟子林涛，成功击杀二阶魔兽森林银狼，得200贡献点！”任务处的周长老面露微笑地看着林涛，心想：“此子刚刚晋升为红衣弟子，就能有如此成绩，确实不同凡响。”

周围路过的弟子也纷纷注目，投来羡慕的目光。感受到这些目光，林涛心里更加得意了，便转过头来，目光中带有勉励之意。有的女弟子看到，更是不禁羞红了脸。

“虽然上次被叶小凡那个臭小子出尽了风头，可是实力就是实力，那小子不过是运气好罢了。以后这些荣耀，一定是属于我的。”林涛内心慷慨激昂。

就在这时，一个清亮的声音传来。“周长老，我要交任务！”叶小凡气喘吁吁地一路小跑过来，周长老这时候才意识到叶小凡的出现。

“奇怪，这小子不是刚刚接了击杀狂暴飞天虎的任务吗？这才过了一天不到，难道他就完成任务了？哼，若是他敢滥竽充数，就算他是林元青看中的弟子，我也决不轻饶！”

叶小凡毫不在意地两手一挥，20只被捆绑着的狂暴飞天虎凭空出现，一下子将任务处塞得水泄不通。

一片死寂。

“天哪，我看到了什么？这是货真价实的魔兽狂暴飞天虎啊！而且还是捕获的！捕获可比击杀难多了！”

就连任务处的周长老也不禁瞪大了眼睛，露出不可思议的神情。林涛更是死死地看着眼前的一切，仿佛梦幻一般，他之前的自信犹如决堤的洪水一般哗哗退去。

第5章 Vue-cli 项目

5.1 Nodejs 安装

自从叶小凡在任务处大放异彩后，宗门内的其他弟子终于对叶小凡有了深刻的认知，林涛自那天起就宣布闭关，心中暗自发狠，一定要超越叶小凡。可是叶小凡却开心不起来，自从学到了 Vue 的基本招式，他就一直想要尝试 Vue-cli 的功法，可是叶老传授给他的技能书中对于这一块的介绍他实在看不懂。看不懂是因为中间有一道必须跨过去的坎，那就是 Node.js。

经过叶小凡的软磨硬泡，叶老终于松口了，答应给叶小凡传授 Node.js 的技术。

“小子，我先给你说说 Node.js 是什么吧。所谓 Node.js，简单来说，就是让 JavaScript 也可以编写服务器的代码。Node.js 是一门高深的学问，不过目前我们只需要学会最基本的使用就行了。第一步是安装 Node.js。Node.js 的安装非常简单，下载一个可用的安装包（下载地址：http://nodejs.cn）即可。

“双击安装包，一直单击‘下一步’按钮就可以。安装完毕之后，进入命令行界面看一下版本号。”

图 5-1 运行结果

“结果如图 5-1 所示。只要能够正确显示版本号，就说明安装成功了。”叶老缓缓地说道。叶小凡忍不住试了一下，发现一下子就完成了，开心极了。

注意：这一步如果没有成功，则可能是因为计算机没有自动配置环境变量，可以右击"我的电脑"→"属性"→"高级系统设置"→"环境变量"，在下方的"系统变量"中找到 Path 标签，添加 Node.js 的安装目录即可解决，如 D:\Program Files\nodejs。

"Node.js 安装好了以后，我就不过多介绍它的具体功能了，我刚才已经说了，Node.js 使得 JavaScript 脚本也可以编写后台程序代码，不过，你想要学习 Vue-cli，也无须知道那么多，你只要学会使用 npm 和 webpack 就行了。"

5.2 使用 npm 发布模块

"npm，那是啥？"叶小凡一脸的疑惑。

"npm 的作用可大了，还记得我们之前封装了一个按钮组件吗？"叶老说道。

"当然记得，我们还弄了好几套颜色呢，这个组件算是使用 Vue 完成的一次勇敢尝试吧！"

"是的，虽然组件还很粗糙，但它确实是能用的！"这一点叶老也很赞同，继续说道，"但是，组件虽好，也只是小范围地使用一下而已。如果别人也想用我们的按钮组件，又该怎么办？"

叶小凡想了想，说道："那我就把文件复制一下，送给需要的人。"

"这样确实是可以的，但是却很麻烦。"

"是挺麻烦的，可是没办法啊，除非所有人弄一个公共的仓库，我再把这个组件放到仓库里面，谁想要用，就去仓库里面取便是了。"叶小凡灵机一动，高兴地说了起来。

叶老赞赏地看了叶小凡一眼，心想这个徒弟到底是没有白收，继续说道："不错，就是这样，npm 就是起到了这个作用。正确地说，存放在 npm 仓库中的都叫作模块。只要你愿意，你可以在里面发布自己的模块，也可以搜索别人上传的模块，拿过来直接使用。所有模块都发布在 https://www.npmjs.com/上面，所以在发布之前，需要到 npm.js 上注册一个账号，才有权限发布自己定义的模块。"

"首先,我们注册一个账号吧。"

图 5-2 网站页面

官网页面如图 5-2 所示,单击"注册"按钮即可进入注册页面。再单击 Create Account 按钮输入账号和密码即可。注册成功后会自动登录。注意:系统会发送一份激活邮件到你的邮箱,还要激活一下。

图 5-3 新建文件夹

"好了,现在我们随便找个地方新建一个空的文件夹,就叫作 npm-study 吧"。

如图 5-3 所示,打开这个文件夹,新建一个 yeXiaoFan.js,在里面写一个简单的函数。

```
function hello(){
    alert('大家好,我是叶小凡!');
}
exports.hello=hello;
```

"exports 的意思是导出,我们把 hello 这个函数作为导出模块的一部分。接下来,再生成一个文件——package.json。"

"json 是一种文件格式,package.json 就是这个组件的打包信息。直接使用命令 npm init 就可以生成这个打包配置文件。"

如图 5-4 所示，“生成 package.json 的时候，需要输入一些默认值，name 默认是文件夹的名字，我们这次将它改成 yexiaofan 吧，其他几项都默认就好。”

```
$ npm init
This utility will walk you through creating a package.json file.
It only covers the most common items, and tries to guess sensible defaults.

See `npm help json` for definitive documentation on these fields
and exactly what they do.

Use `npm install <pkg>` afterwards to install a package and
save it as a dependency in the package.json file.

Press ^C at any time to quit.
package name: (npm-study) yexiaofan
version: (1.0.0)
description:
entry point: (yeXiaoFan.js)
test command:
git repository:
keywords:
author:
license: (ISC)
About to write to F:\写书\源代码\npm-study\package.json:

{
  "name": "yexiaofan",
  "version": "1.0.0",
  "description": "",
  "main": "yeXiaoFan.js",
  "scripts": {
    "test": "echo \"Error: no test specified\" && exit 1"
  },
  "author": "",
  "license": "ISC"
}


Is this OK? (yes) yes
```

图 5-4　运行结果

如图 5-5 所示，“package.json 已经出来了，我们看一下里面的内容吧。”

图 5-5　运行结果

```
{
  "name": "yexiaofan",
```

```
  "version": "1.0.0",
  "description": "",
  "main": "yeXiaoFan.js",
  "scripts": {
    "test": "echo \"Error: no test specified\" && exit 1"
  },
  "author": "",
  "license": "ISC"
}
```

“name 是模块的名字，就叫它 yeXiaoFan。version 是版本号，默认是 1.0.0，随着模块的日益精细化和完善，还可以升级版本号。description 代表模块的描述，main 代表模块的启动文件，一些复杂的模块可能会使用到一些其他资源，但是模块的启动文件，或者说入口只能有一个。”

“npm 允许在 package.json 文件里面使用 scripts 字段定义脚本命令。在这个默认生成的 package.json 文件中，可以看到 scripts 字段的内容是一个 json 对象，里面只有一个 test。”

```
"scripts": {
    "test": "echo \"Error: no test specified\" && exit 1"
},
```

“这个是啥意思呢？test 是命令，test 命令对应的脚本是 **echo "Error：no test specified" && exit 1**。比如，我们在当前目录直接运行 test 命令。”

```
$ npm run test

> yexiaofan@1.0.0 test F:\写书\源代码\npm-study
> echo "Error: no test specified" && exit 1

"Error: no test specified"
```

图 5-6 运行结果

结果如图 5-6 所示，“意思很明确了，就是调用 test 命令会导致运行 **echo "Error：no test specified" && exit 1** 这句话。这段代码是可以直接被 Windows 系统识别并运行的，echo 表示在屏幕上输入一段文字。一般一个模块发布后，都会在这边写上几个脚本。比如运行整个项目，我们会这样写。”

```
"dev": "node yeXiaoFan"
```

“为了看到效果，我们稍微改动一下 yeXiaoFan.js 的代码。”

```
function hello(){
  alert('大家好,我是叶小凡!');
}
console.log('yeXiaoFan.js successfully loaded!');
exports.hello=hello;
```

“然后，使用 npm run dev 运行。”

```
$ npm run dev

> yexiaofan@1.0.0 dev F:\写书\源代码\npm-study
> node yeXiaoFan

yeXiaoFan.js successfully loaded!
```

图 5-7　运行结果

结果如图 5-7 所示，“意思就是直接运行这个入口文件，dev 表示开发环境，npm run dev 表示让计算机运行 dev 命令，最终运行的脚本是 node yeXiaoFan。因为这个项目模块只是一个简单的 js，所以只能打印一句话而已。”

“接下来就是发布了，用 npm adduser 命令添加我们刚才注册的用户。”

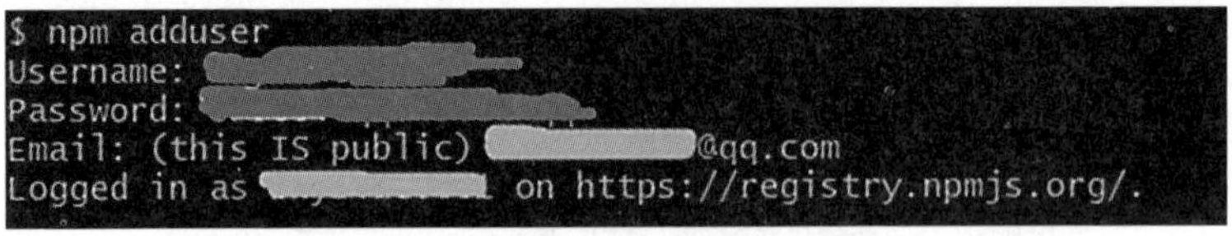

```
$ npm adduser
Username:
Password:
Email: (this IS public) @qq.com
Logged in as  on https://registry.npmjs.org/.
```

图 5-8　运行结果

结果如图 5-8 所示，“这样就表示用户添加好了，接下来就可以发布模块了，命令是 npm publish。”

结果如图 5-9 所示，“发布完成后，你可以在 npm 网站上搜索 yeXiaoFan，应该就能看到了。”

```
$ npm publish
npm notice
npm notice package: yexiaofan@1.0.0
npm notice === Tarball Contents ===
npm notice 139B yeXiaoFan.js
npm notice 229B package.json
npm notice === Tarball Details ===
npm notice name:          yexiaofan
npm notice version:       1.0.0
npm notice package size:  402 B
npm notice unpacked size: 368 B
npm notice shasum:        50a4a6ea9c98f4247eb62ab1094d8a102f46da71
npm notice integrity:     sha512-Zb8IcmCUtoj1F[...]1DsNHuFdFbXSg==
npm notice total files:   2
npm notice
+ yexiaofan@1.0.0
```

图 5-9　运行结果

搜索结果如图 5-10 所示。

yexiaofan
1.0.0 • Public • Published 2 minutes ago

Readme　Explore BETA　0 Dependencies　0 Dependents　1 Versions　Settings

Unable to find a readme for yexiaofan@1.0.0

Keywords

none

Install

> npm i yexiaofan

Version 1.0.0　License ISC

Unpacked Size 368 B　Total Files 2

Last publish 2 minutes ago

Collaborators

图 5-10　搜索结果

5.3　使用 npm 安装模块

“刚才我们成功发布了 yexiaofan 模块，现在再来看看如何引入这个模块。重新创建一个空文件夹 mynpm，进入这个目录，执行命令 npm install yexiaofan。”

```
$ npm install yexiaofan
npm WARN saveError ENOENT: no such file or directory, open 'F:\写书\源代码\mynpm
\package.json'
npm notice created a lockfile as package-lock.json. You should commit this file.
npm WARN enoent ENOENT: no such file or directory, open 'F:\写书\源代码\mynpm\pa
ckage.json'
npm WARN mynpm No description
npm WARN mynpm No repository field.
npm WARN mynpm No README data
npm WARN mynpm No license field.

+ yexiaofan@1.0.0
added 1 package and audited 1 package in 4.375s
found 0 vulnerabilities
```

图 5-11 运行结果

图 5-12 文件结果

运行结果和文件效果如图 5-11 与图 5-12 所示，“自动生成了一个 package-lock.json，再去 node_modules 中看看，就能发现我们的模块了。然后在 mynpm 文件夹中创建一个 main.js 作为项目的入口文件，代码如下。”

```
var yexiaofan = require("yexiaofan");
yexiaofan.hello();
```

“require 是导入模块的命令，简单理解为函数调用即可，参数是一个字符串，就是需要引入的模块名字，让我们运行一下。”

```
$ node main.js
yeXiaoFan.js successfully loaded!
F:\写书\源代码\mynpm\node_modules\yexiaofan\yeXiaoFan.js:2
  alert('大家好，我是叶小凡！');
  ^

ReferenceError: alert is not defined
```

图 5-13 运行结果

结果如图 5-13 所示，“报错了，提示 alert 没有被定义，这是因为现在启动 js 脚本直接使用了 node 命令，而不是在浏览器里面运行，自然是没有 alert 函数的。"叶老慢慢解释道。

"那该怎么办?"叶小凡好奇地问道。

"这就需要单独搭建一个服务了,比如使用 Vue-cli 搭建一个服务。"

"终于到 Vue-cli 了吗?"叶小凡激动起来。

注意:npm 一般运行速度比较慢,实际开发中应使用国内的服务器地址,使用 cnpm 下载模块。安装 cnpm 的方法非常简单,只需要执行以下命令就可以了。

```
npm install -g cnpm --registry=https://registry.npm.taobao.org
```

安装后,下次启动时就不是 npm install 了,而是 cnpm install。这点区别使速度快了不止一个档次。

5.4 使用 Vue-cli 搭建项目

"哈哈,看来你小子已经等不及了。哼,你可要记住,心急可吃不了热豆腐,没有前面的 node 和 npm 作为铺垫,直接学 Vue-cli 可是会吃力的哦。"叶老看着叶小凡,意味深长地讲道。

"我知道了,不过现在可以说说怎么使用 Vue-cli 了吧。"叶小凡按捺不住心中的激动,焦急地说道。

"也罢,现在我就教你如何使用 Vue-cli 吧。"大概是觉得前面的铺垫差不多了,叶老终于说起了 Vue-cli。

"简单来说,Vue-cli 就是进行 Vue 组件化开发的一个脚手架。"

"我只听说过鸡架,叶老,啥是脚手架啊?"叶小凡满腹狐疑地说道。

叶老一时语塞,竟然一下子不知道该如何回答这个问题,过了半晌,才说道:"脚手架,你就理解为一个项目模板吧。一个前端项目,肯定会有 JS、HTML、CSS 文件的。JS 文件放哪里好呢,你可能会新建一个叫作 js 的文件夹,里面放的都是 js 文件。再比如,针对图片资源,你可以新建一个叫 pictures 的文件夹。但是,每个人有不同的想法,这种命名约定就不尽相同了。可是实际上,这些资源的归类确实是必不可少的。脚手架可以帮你生成一个项目模板，在什么文件夹里面放什么资源都是定义好的。这样就方便开发了，不用总是想着定义资源文件夹的名字。别人拿到你的项目后也方便了不少，因为大家都知道这些文件夹里面放着哪些文件，直接找便是了。并且，针对一些常见的配置，脚手架也会帮你设置好，你只要专心写业务代码就可以了。”

“哦哦，我好像有点明白了。”

“好了，让我们继续开始吧。首先是安装 Vue-cli，之前已经说过 npm 了，下面我们使用 cnpm 安装 Vue-cli。创建一个空的 Vue-cli 文件夹，然后在这个目录中运行下面的命令。”

```
cnpm install -g @vue/cli@3.0.1
```

“-g 的意思就是全局安装，全局安装后，在任何其他地方都可以使用 Vue-cli 脚手架。仅有 Vue-cli 还不够，我们还需要安装它的一个原型工具。”

```
cnpm install -g @vue/cli-service-global@3.0.1
```

“版本号一定要保持一致，不然会出现一些莫名其妙的错误。上面两个工具都安装好后，就开始正式创建一个项目吧。之前的做法无非是新建一个空的文件夹，然后写文件，下面采用 Vue 的方式直接创建。这个项目的名字，就叫作 vue-project 吧！”

```
vue create vue-project
```

```
$ vue create vue-project
? Please pick a preset: (Use arrow keys)
? Please pick a preset: default (babel, eslint)
- Creating project in F:\写书\源代码\vue-cli\vue-project.
  Creating project in F:\写书\源代码\vue-cli\vue-project.
- Initializing git repository...
  Initializing git repository...
  Installing CLI plugins. This might take a while...
```

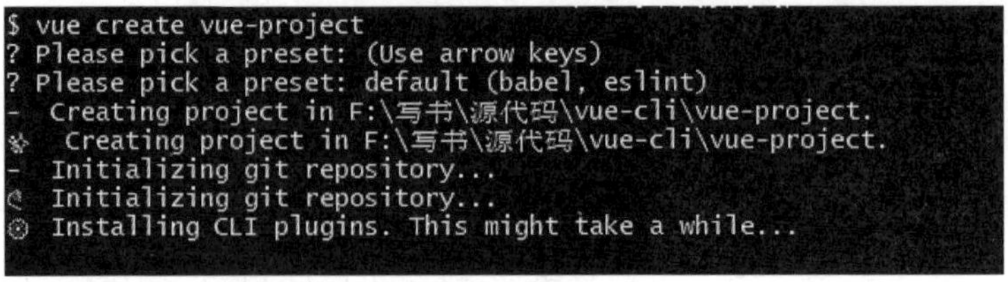

图 5-14　运行效果

效果如图 5-14 所示。“注意，刚开始会有一些询问，直接敲回车就行，不要在那傻等着。好了,现在项目已经创建好了。"

图5-15 文件效果

效果如图5-15所示。"public里面有两个文件,一个是favicon.ico,这是项目的图标。另一个是index.html,这是项目的初始页面。这个页面有一个根节点,是一个div,id为app。"

```
<div id="app"></div>
```

"我们的项目可以说全部渲染在这里面。Public文件夹是默认生成的,这个文件夹主要用来放置一些公共资源。接下来是src文件夹,这里面的资源可就多了。"

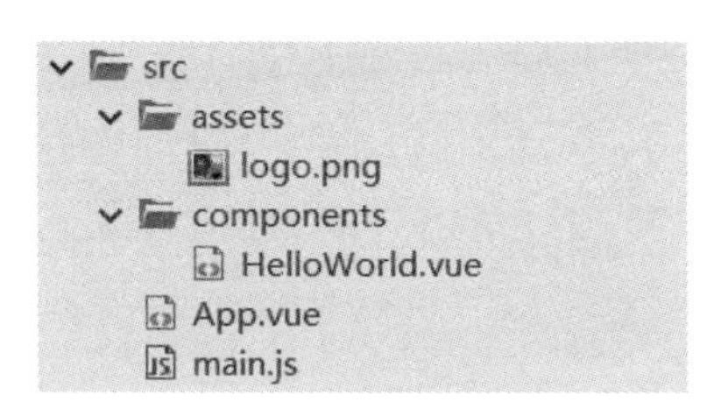

图5-16 文件效果

效果如图5-16所示。"还记得我刚才说的吗,一般而言,项目中的图片资源、js资源、css资源都没有统一的定论该放在哪里。脚手架的好处就是告诉你这些静态资源该放在哪里,如果你是用Vue脚手架生成的项目,那么就是放在assets文件夹里面。然后是components文件夹,这里存放项目中的一些公共组件,以方便具体的页面调用。现在,这里面有一个自动生成的HelloWorld.vue文件,这是一个扩展名为vue的文件。"

“什么！我只听说过js、css和html文件，vue文件是做什么的？”

“这个问题问得好，vue文件就是一种容纳了js、css和html的文件格式。我们先来看一看HelloWorld.vue里面是什么吧！默认生成的代码有很多，为了方便起见，我们改写一下里面的代码。”

```
<template>
  <div class="hello">
    <h1 id="text">{{ msg }}</h1>
  </div>
</template>

<script>
export default {
  name: 'HelloWorld',
  props: {
    msg: String
  }
}
</script>

<!--Add "scoped" attribute to limit CSS to this component only -->
<style scoped>
    #text {
        color: brown;
    }
</style>
```

“template标签是组件的页面代码，script就是写JavaScript代码的地方，最后是style标签，很明显，这里是写CSS代码的地方。”

“script里面的代码有点眼熟，那个props好像在哪见过。哦对了，我想起来了，这不是Vue定义组件吗，props是定义组件的属性，有一个属性是msg，类型是string。”

“是的，这就是定义组件的地方，准确地说，整个文件就是一个组件。接下来，我们看一下App.vue。”

```
<template>
  <div id="app">
    <img alt="Vue logo" src="./assets/logo.png">
    <HelloWorld msg="Welcome to Your Vue.js App"/>
  </div>
</template>

<script>
import HelloWorld from './components/HelloWorld.vue'
export default {
  name: 'app',
  components: {
    HelloWorld
  }
}
</script>

<style>
……省略 css 代码
</style>
```

“那个 import 是啥？引入 js 不是应该写 script 和 src 吗？”叶小凡惊呼出声。

“那你看它引用的是 js 文件吗？”叶老呵呵地笑了起来。

“哎呀，我怎么忘了，现在是 Vue 项目了，都是 xxx.vue 的文件了。”

“嗯，是这样的，刚开始从传统写法上转换过来是有点难度的，不过，你看习惯了就好。”

叶小凡：“……”

“App.vue 又是一个新的组件，并且引入了 HelloWorld.vue，还传递了参数。”

```
<HelloWorld msg="Welcome to Your Vue.js App"/>
```

“嗯，这个我懂，不就是调用组件吗，这样一来，HelloWorld 里面的 msg 属性就有值了。”

“是的，再看看 main.js 吧。”

```
import Vue from 'vue'
import App from './App.vue'
Vue.config.productionTip = false
new Vue({
  render: h =>h(App),
}).$mount('#app')
```

“main.js 是项目的入口文件，因为它是 js 文件，所以不能有像刚才 vue 文件那样的语法，自然也不能写 html 和 css 了。但是 import 依然是可以用的，在代码的最后，它创建了全局的 Vue 对象，渲染的目标是‘＃app’，也就是刚才看到 index.html 里面的那个 div。”

“最后三行代码运用了 ES6 语法中的箭头函数，改写一下就是这样。”

```
new Vue({
  render: function(h){
      return h(App)
}
}).$mount('#app')
```

“哦哦，箭头函数就是普通函数的一种简便写法吧，h 是 render 函数接收的参数，h 本身是一个回调函数，所以能够打括号去执行！”叶小凡恍然大悟。

“是的，用 Vue-cli 创建的项目默认支持 ES6 的语法，所以可以直接这样写。好了，说了这么多，现在让我们启动一下这个项目吧，启动的方式已经写在 package.json 里面了。”

```
"scripts": {
    "serve": "vue-cli-service serve",
    "build": "vue-cli-service build",
    "lint": "vue-cli-service lint"
},
```

“可以看到，启动命令叫作 serve，那么我们直接 npm run serve 就可以启动项目了。项目默认监听的是 8080 号端口。”

```
App running at:
- Local:   http://localhost:8080/
- Network: http://192.168.0.108:8080/

Note that the development build is not optimized.
To create a production build, run npm run build.
```

图 5-17　运行结果

运行结果如图 5-17 所示，访问效果如图 5-18 所示。

Welcome to Your Vue.js App

图 5-18　页面效果

“至此，一个 Vue 项目完全启动成功了！”

“真是太神奇了！”叶小凡开心极了，他终于入门 Vue-cli 了。

叶小凡开始回顾这些日子以来自己学习 JavaScript 的收获，不禁信心满满，同时也衷心感谢叶老的教导。未来一定更加精彩！

故事完。

编者的话：叶小凡的故事暂时告一段落，之所以用这种体裁撰写，是因为万事开头难。很多读者在网上找了一大堆资料，看得云里雾里，很容易放弃。因此，在讲解 JavaScript 基础的过程中，本书通过叶小凡这样一个虚拟人物叙述，希望能够让枯燥的知识看起来有趣一些。只要有了前面的基础，接下来学习更多的前端知识和技巧，将是水到渠成的事情。

第6章 ES6语法

读者可以启动第5章中的vue-project,该项目已经支持ES6的语法,因此可以直接在main.js中练习本章的所有示例代码。

6.1 全新的变量定义

在之前的章节中已经介绍过JavaScript是没有块级作用域的,这会导致很多问题,比如下面的代码。

```
var i = 10;
for(var i = 1; i <6;i++){
    //do nothing
}
console.log(i)
```

答案是6,因为JavaScript没有块级作用域,这就会导致for循环中定义的i变量覆盖了全局变量i。在某些情况下,这种特性会导致很严重的问题,而且非常不利于排查。ES6推荐使用let定义变量,这样就可以实现块级作用域的效果了,内部的变量不会影响全局。

```
var i = 10;
for(let i = 1; i <6;i++){
    //do nothing
}
console.log(i)
```

现在答案就是 10 了，let 的作用可见一斑，如果你的环境支持 ES6，那么推荐使用 let，再也不要使用 var 定义变量了。ES6 还可以使用 const 声明一个只读的常量，一旦声明，该常量的值就不能再被改变，比如下面的代码。

```
const NAME1 = '张三';
NAME1 = '李四';
console.log(NAME1);
```

程序会直接报错。

```
readOnlyError.js? 619d:2 Uncaught Error: "NAME1" is read-only
    at _readOnlyError (readOnlyError.js? 619d:2)
    at eval (main.js? 56d7:21)
    at Module../src/main.js (app.js:2248)
    at __webpack_require__ (app.js:726)
    at fn (app.js:101)
    at Object.1 (app.js:2262)
    at __webpack_require__ (app.js:726)
    at app.js:793
    at app.js:796
```

这是因为常量是只读的，不允许修改，强行修改只会导致程序报错。可以说，const 的引入提升了 JavaScript 的安全性。

6.2　变量的解构赋值

变量的解构赋值主要分为数组的解构赋值和对象的解构赋值。项目中用得较多的是变量的解构赋值，一般的用法是，假如我有一个对象，里面有若干方法，则

```
let Person = {
    eat : function(){
        console.log("我在吃饭!");
    },
    sleep : function(){
```

```
        console.log("我在睡觉!");
    }
}
```

我们定义了一个 Person 对象，它有两个方法，一个是吃饭，另一个是睡觉。假如这个对象在其他页面，或者在其他地方被引用到了，则要想获取里面的这两个方法，一般的写法如下。

```
let eat = Person.eat;
let sleep = Person.sleep;
```

调用一下看看：

```
eat();
sleep();
```

页面成功打印出了这两句话，如图 6-1 所示。

```
我在吃饭!
我在睡觉!
```

图 6-1　运行结果

这是常规的做法，解构赋值的作用是把获取对象中的方法以及赋值给对应变量的过程一次性做完。代码如下：

```
let {eat,sleep} = Person;
```

一般来说，我们在用 let 定义变量的时候，是在 let 的右边写一个变量，然后等于某个具体的值。这种写法的好处是直接定义了变量的集合，同时程序会智能地在等号右侧寻找匹配项。Person 里面的确有 eat 方法和 sleep 方法，左侧的大括号中也确实存在 eat 变量和 sleep 变量，真可谓情投意合。

现在，我们多了一个新的需求，就是获取 Person 对象的 name 属性。于是，我们这样写代码。

```
let {eat,sleep,name} = Person;
console.log(name);
```

问题来了，由于Person对象中并没有name属性，因此name就没有对应的匹配项赋值了。显而易见，name的值打印出来后肯定是undefined。这个时候，如果我们不希望name为空，则可以设置一个默认值，将代码变更一下，就成了这样。

```
let {eat,sleep,name = "一个神秘的杠精"} = Person;
console.log(name);
```

以上代码会打印出“一个神秘的杠精”，虽然看起来有点怪，但是却意外地好用，很多项目里面都会这么做。比如一个修改页面，我们用Vue将其封装成一个组件。这个组件在两种情况下会打开，第一种情况是新增的时候，第二种情况是修改的时候。如果是修改，则会允许组件接收一个data参数，这个data里面包含所有需要修改的信息，只需要让页面加载这些信息就行了，然后保存修改即可。如果是新增，则data就是一个空，我们再去渲染它的时候，不就有问题了吗？所以，这个时候可以用解构赋值中的默认值给data赋一个值。为了演示方便，下面通过一个简单的函数说明这种业务场景。

```
function initEditInfo(data = {name:'jack',sex:'1',salary:'20000
'}){
    let {name,sex,salary} = data;
    console.log(name);
    console.log(sex);
    console.log(salary);
}
initEditInfo();
```

我们直接调用了初始化方法initEditInfo，什么参数都没有传递，但是因为在参数这里使用了默认值，于是就采用{name：'jack'，sex：'1'，salary：'20000'}这个默认对象了。在实际项目中，解构赋值可以带来方便，同时解构赋值还有很多其他高级用法，但是笔者不推荐使用过多解构赋值，因为这会导致代码过于精简和抽象，不利于后期的维护。如果后面的项目被一个初来乍到的新人接管，则会给他带来很多困扰。

6.3 字符串升级

ES6 对传统字符串进行了一次大规模的改进，主要体现在两个方面。第一个改进是允许字符串直接通过 for 循环的方式遍历，例如，你可以写这样的代码。

```
let str = '我爱你中国!';
for(let s of str){
    console.log(s);
}
```

注意： 这里用的是 of，而不是 in。如果用 in，则获取的是每个字符对应的下标。

另一个改进是允许用反引号进行一些简化的字符串定义。模板字符串相当于加强版的字符串，它除了可以作为普通字符串使用，还可以用来定义多行字符串，以及在字符串中加入变量和表达式。例如，我们可以写这样的代码。

```
        let name = '张三';
        let sayHi = '你好啊,${name}
一起来 happy 啊!'
        console.log(sayHi);
```

这一改进支持换行和变量注入，这些特性使得 JavaScript 字符串更加灵活。除了这两个改进之外，ES6 字符串还提供了一些非常好用的 API 方法，如字符串补全。假设现在有一个需求是依次打印 0～99，但是不足 2 位的数字需要用 0 左补齐，以往的做法是用 if 进行判断，如果小于 10，就在左边加一个 0。而现在，我们可以这样写代码。

```
for(let i = 0;i <100;i++){
    console.log(i.toString().padStart(2,'0'))
}
```

padStart：返回新的字符串，表示用参数字符串从头部（左侧）补全原字符串。

padEnd：返回新的字符串，表示用参数字符串从尾部（右侧）补全原字符串。

以上两个方法可以接收两个参数，第一个参数是指定生成的字符串的最小长度，第二个参数是用来补全的字符串。如果没有指定第二个参数，则默认用空格填充。

另外，值得一提的是，字符串允许被当作数组一样使用。换句话说，你可以用下标的方式获取字符串中某个位置的字符。

6.4　Proxy代理

在支持Proxy的浏览器环境中，Proxy是一个全局对象，它可以被直接使用。Proxy（target，handler）是一个构造函数，target是被代理的对象，handlder是声明了各类代理操作的对象，最终返回一个代理对象。外界每次通过代理对象访问target对象的属性时，就会经过handler对象，从这个流程来看，代理对象很类似middleware（中间件）。那么，Proxy可以拦截什么操作呢？最常见的就是get（读取）、set（修改）对象属性等操作。

简单来说，Proxy的作用就是允许我们声明一个代理，对某个对象进行一些特殊的访问拦截。一个Proxy对象由两个部分组成：target、handler。在通过Proxy构造函数生成实例对象时，需要提供这两个参数。target即目标对象，handler是一个对象，声明了代理target的指定行为。

比如，我们现在有如下一个对象。

```
let obj = {
    name:'keke',
```

```
    age:28
}
```

当我们希望给 obj 赋值时，往往会直接这样做。

```
obj.age = "28"
console.log(obj)
```

这样不是说不行，但是会出现问题，因为 obj 的 age 属性分明希望得到一个 number，但是我们却赋值了一个 string。于是，我们就希望在给对象赋值的时候限制一下类型。思路大概是这样的：给 obj 生成一个代理，obj 就不会直接暴露给外面了。如果你要操作 obj，就和代理说，代理会帮 obj 做一个简单的筛选。于是，代码就变成了如下这样。

```
let obj = {
    name:'keke',
    age:28
}
let objProxy = new Proxy(obj,{
    set(target, key, value){
        if(key =='age' && typeof value !='number'){
              throw new Error(`Invalid attempt to set ${key} to "
${value}": not number!`);
        }
        return target[key] = value;
    },
    get(target, key, receiver){
        return target[key];
    }
})
objProxy.age = "28"
console.log(obj)
```

结果如下。

```
vue.runtime.esm.js:1888 Error: Invalid attempt to set age to "28":
not number!
```

这样就通过一个简单的代理对象对数据进行了校验。

6.5　强化后的数组

ES6 对诸多数据类型都进行了强化，自然不可能少得了数组。下面对一些常用的方法进行详细介绍。

6.5.1　快速构建新数组

Array.of 方法可以将参数中的所有值作为元素而形成数组，参数值可以是不同类型，如果参数为空时，则返回空数组。这一点很好理解，需要重点介绍的是 Array.from 方法，这个方法可以将**类数组对象**或**可迭代对象**转化为数组。类数组对象就是一种可以遍历的对象，只要对象有 length 属性，而且有诸如 0、1、2、3 这样的属性，那么它就可以被称为类数组。

比如下面的对象就可以称为类数组。

```
let listData = {
    0:'keke',
    1:'jerry',
    length:2
}
```

但是它毕竟不是数组，不方便进行某些操作，如 push。我们可以用 from 方法将它转换为数组。

```
listData = Array.from(listData);
console.log(listData)
```

运行结果如图 6-2 所示，这样就是货真价实的数组啦，from 方法还可以接收第二个参数，就是一个 map 回调函数，用于对每个元素进行处理，放入数组的是处理后的元素。将上面的代码改写为如下形式。

```
▼(2) ["keke", "jerry"]
   0: "keke"
   1: "jerry"
   length: 2
 ▶__proto__: Array(0)
```

图 6-2　运行结果

```
listData = Array.from(listData,function(item){
    return item +'---';
});
console.log(listData)
```

运行结果如图 6-3 所示。

```
▼(2) ["keke---", "jerry---"]
   0: "keke---"
   1: "jerry---"
   length: 2
  ▶__proto__: Array(0)
```

图 6-3　运行结果

6.5.2　新的数组方法

find：查找数组中符合条件的元素，若有多个符合条件的元素，则返回第一个元素。

findIndex：查找数组中符合条件的元素索引，若有多个符合条件的元素，则返回第一个元素索引。

fill：将一定范围索引的数组元素内容填充为单个指定的值。

copyWithin：将一定范围索引的数组元素修改为此数组另一指定范围索引的元素。

entries：遍历。

keys：遍历键名。

values：遍历键值。

6.5.3　数组复制

在以前的传统项目中，如果要复制一个数组，大多采用 slice 方法，现在可以用“…”的方式快速复制一个数组。

```
let newListData = [...listData];
console.log(newListData)
```

6.6　强化后的函数

ES6 对函数也做了很多强化或者说是简化，尤其著名的就是箭头函数了。以前的常规做法是用关键字 function 定义一个函数，而现在 ES6 的语法允许省略 function 关键字，直接用一个箭头声明一个函数。

```
let sayhi = (name) =>{
    console.log('你好,${name}!')
}
sayhi('小可爱')
```

原先的参数列表保留，还是放在一对圆括号里面，但是如果你只有一个参数，则可以省略圆括号。

```
let sayhi = name =>{
    console.log('你好,${name}!')
}
sayhi('小可爱')
```

如果是没有参数的函数，又该怎么办呢？当然，打一个小括号是没有任何问题的，但是有些人喜欢直接给出一个下画线，相当于有一个参数，只是这个参数永远不会被使用罢了。于是，为了降低这个参数的存在感，就用一个下画线代替它。

```
let person = {
    getName : _ =>{
        return "keke";
    }
}

console.log(person.getName())
```

上面的代码很好地诠释了这一点，但是一般也不会这么做，不管有没有参数，如果这个函数是在某个对象里面的，更推荐直接简写成如下形式。

```
let person = {
    getName(){
        return "keke";
    }
}
console.log(person.getName())
```

注意：上面的方式并非箭头函数，而是普通函数的简写。现在再看下一个问题，person 对象里面有一个 getName 方法，这个方法用于返回对象本身的 name 属性，下面用 this 引用一下。

```
let person = {
    name:'Tony',
    getName(){
        return this.name;
    }
}
```

这样写是没有问题的，相当于如下形式。

```
let person = {
    name:'Tony',
    getName: function(){
        return this.name;
    }
}
```

但是，如果换成箭头函数会怎样呢？

```
let person = {
    name:'Tony',
    getName: _ =>{
        return this.name;
    }
}
```

结果打印出来是undefined。原来,箭头函数体中的this对象是定义函数时的对象,而不是使用函数时的对象。也就是说,定义getName函数的时候,这个函数并不知道自己在person对象中,所以里面的this依然指向window对象。而如果用function定义函数,则里面的this会在代码的实际运行过程中动态绑定,因此指向的就是person对象。所以,使用箭头函数时,这一点要尤其注意。永远记住,箭头函数中this的指向是定义时所在的作用域,而不是执行时的作用域。在刚才的例子中,getName方法中的this就指向定义它的作用域,而不是getName方法的调用者。可能这么讲还是比较抽象,请记住一个小窍门:只要使用了箭头函数,就不要管这个函数本身了,在外面寻找最近的大括号,然后看这个大括号处在怎样的环境中,this就指向它!

那么,距离getName方法最近的大括号就是person对象的大括号,person对象处于全局作用域里面,那么this就指向window对象。现在,我们把这个例子稍微改一改。

```
let person = {
    name:'Tony',
    getName: _ =>{
        return this.name;
    },
    sayHi: _ =>{
        setTimeout(_=>{
            console.log('你好啊,${this.name}');
        },1000)
    }
}
person.sayHi()
```

这样一来,this又指向谁呢?这可以作为一道非常有迷惑性的面试题,答案还是undefined。因为按照刚才的技巧,距离this最近的是setTimeou的参数,也就是那个回调函数的大括号。注意:这是一个箭头函数,还要继续往上找,于是找到了sayHi方法的大括号。可是sayHi方法本身又是一个箭头函数,于是这次寻找还是不算数,还要继续往上冒泡,最终又找到了perosn对象,它是window的,于是this指向window。

相信如果你是暴躁老哥,看到这里就要发飙了,忍不住甩下狠话,那就干脆只要是用到 this 的地方通通不用箭头函数了!

```
let person = {
    name:'Tony',
    getName: _ =>{
        return this.name;
    },
    sayHi(){
        setTimeout(function(){
            console.log('你好啊,${this.name}');
        },1000)
    }
}
```

看上面的例子,这次没有用箭头函数,那么之前寻找 this 的办法就是有效的。this 永远指向函数的调用者,因为这个 this 是在 setTimeout 函数里面的,它的调用者还是 window,并不是 person。所以,我们需要将代码做一点修改。

```
sayHi(){
    let that = this;
    setTimeout(function(){
        console.log('你好啊,${that.name}');
    },1000)
}
```

在执行 sayHi 方法的时候,可以临时保存一下 this 的指向,这样就可以在 setTimeout 中访问到 person 对象了。但是这样的写法很烦琐,而且看起来很奇怪。结合箭头函数的特性,我们可以稍加改造。

```
let person = {
    name:'Tony',
    getName: _ =>{
        return this.name;
```

```
    },
    sayHi(){
        setTimeout(_=>{
            console.log('你好啊,${this.name}');
        },1000)
    }
}
```

按照刚才的技巧，只要你用了箭头函数，就不要管这个函数本身了，从外面寻找最近的大括号，于是我们找到了 sayHi 方法（这一次 sayHi 方法没有使用箭头函数）。sayHi 方法是在 person 对象里面的，所以这次 this 不会再往上冒泡了，而是定格在这个大括号中，于是 this 的指向和 sayHi 方法一样，都是 person 对象，终于可以拿到 name 了！

最后补充一句，如果函数体仅仅是一个简单的 return 语句，那么函数体的大括号和 return 关键字都可以省略。

6.7　更加灵活多变的对象

上面已经讲解了对象的解构赋值，下面补充一点，ES6 中对象的写法还是有点不同的，比如如下代码。

```
let name = "一位神秘杠精";
let obj = {
    name:name
}
console.log(obj)
```

乍一看没有任何问题，因为我们以前都是这么写的，已经习惯了。但是，name: name 怎么看都觉得别扭不是吗？于是，ES6 允许我们将其简写成 name，只要左右两边的名字是一样的，就可以简写。

```
let obj = {name}
```

代码一下子清爽了很多，只是刚开始这么用的时候需要适应一阵子。再举一个例子，我们知道 JavaScript 中的对象的属性值是一个字符串，比如这个 name：name 其实是'name'：name，只是我们一般喜欢省略那个引号。那么，如果这个属性名称是一个变量又该怎么办？

```
let key = 'name';
let obj = {
    key:"一位神秘杠精"
}
```

很明显，这样的写法是错误的，key 会被当作一个字符串进行处理。还记得我们是如何调用对象的属性的吗？可以用"."，也可以用"[]"，这里也是一样的，用"[]"就可以解决问题。

```
let obj = {
    [key]:"一位神秘杠精"
}
```

6.8 promise 对象和 async 函数

promise 对象的语法和 async 函数都很复杂，不过在日常使用中，我们只需要掌握其基本用法即可，因为在大部分情况下，我们只需要用它完成一些异步操作而已。

下面来看一个最最简单的需求：制作一个定时器，2s 过后，获取一个字符串，然后在控制台输出这个字符串，初始代码如下。

```
let gift = null;
setTimeout(_=>{
    gift = "一台小小螺旋机"
},2000);
console.log('我收到了礼物:' +gift)
```

代码中的问题很明显，这是一个异步操作，需要在 2s 后才会执行 gift 变量的赋值语句，所以，还没有等 gift 有值，语句就已经输出了。一个最容易想到的解决办法就是把输出语句放到 setTimeout 里面，这样做是绝对正确的，但是如果异步操作有很多，就会出现层层嵌套的问题。当然，我们也可以使用 Proxy 代理观察 gift 值的变化。

```
let gift = null;
let obj = {gift}
let objProxy = new Proxy(obj,{
    set(target,key,value){
      if(key =='gift'){
          target[key] = value
          console.log('我收到了礼物:' +target[key])
          return true;
      }
    },

    get(target, key){
      return target[key]
    }
})

setTimeout(_=>{
    objProxy.gift = "一台小小螺旋机"
},2000);
```

这样就可以通过观察者和代理模式监听 gift 的变化，从而完成异步监听的效果。但是，很明显，这样写代码太复杂了。这里，我们可以使用一个新的对象——promise。

promise 是异步编程的一种解决方案。从语法上说，promise 是一个对象，使用它可以获取异步操作的消息。在 ES6 中，promise 被列为正式规范，统一了用法，原生提供了 promise 对象。废话不多说，我们直接用 promise 对象改造这个例子。

```
let gift = null;
new Promise((resolve,reject) =>{
```

```
    setTimeout(_=>{
        gift = "一台小小螺旋机"
        resolve(gift)
    },2000);
}).then(gift =>{
    console.log('我收到了礼物:' +gift)
})
```

promise 对象在创建的时候分别接收了 2 个内部的函数钩子：resolve(已完成)和 reject(已拒绝)，promise 对象就是一种承诺，在必要的时候，它会告知外部本次异步操作已经完成或者拒绝，如果是完成，则触发后面的 then 方法；如果是拒绝，则触发 catch 方法。比如，我们把代码改造为有 20％的概率可以获得礼物，有 80％的概率不能获得礼物，即表示获取异常(reject)。

```
new Promise((resolve,reject) =>{
    setTimeout(_=>{
        if(Math.random() <0.2){
            gift = "一台小小螺旋机"
            resolve(gift)
        }else{
            gift = "空空如也"
            reject(gift)
        }
    },2000);
}).then(gift =>{
    console.log('我收到了礼物:' +gift)
}).catch(gift =>{
    console.log('我收到了礼物:' +gift)
})
```

这便是用 promise 对象处理异步操作的思路。看到这里，可能有的人又会纳闷，虽然用 promise 对象处理起来更加优雅，但是我们不是还要在对应的 then 方法或者 catch 方法里面进行操作吗？能不能直接给我 resolve 里面的值，不要逼着我去 then 里面处理数据？

办法是有的，这就需要配合 async 函数和 await 关键字了。

```
let getGiftAsync = _=>{
    return new Promise((resolve,reject) =>{
                setTimeout(_=>{
                    if(Math.random() <0.2){
                        let gift = "一台小小螺旋机"
                        resolve(gift)
                    }else{
                        let gift = "空空如也"
                        reject(gift)
                    }
                },2000);
            })
}

async function executeAsyncFunc(){
    let gift = await getGiftAsync();
    console.log(gift)
}
executeAsyncFunc();
```

之前，代码的困境是无法脱离 then 和 catch 的回调函数，导致代码还是有些冗余，其实我们只是希望得到 resolve 里面的参数而已，下面简单介绍上面的代码。

getGiftAsync 函数返回了一个 promise 对象，逻辑和刚才一样，然后在 executeAsyncFunc 函数的左边加上了 async，代表这是一个异步处理函数。只有加上了 async 关键字的函数，内部才可以使用 await 关键字。async 是 ES7 才提供的与异步操作有关的关键字，async 函数执行时，如果遇到 await 就会先暂停执行，等到触发的异步操作完成后，才会恢复 async 函数的执行并返回解析值。

后　记

首先是完结撒花，诚然，以小说的形式讲述 JavaScript 的知识点是本人一直以来的梦想。本书在创作的过程中虽然遇到了很多障碍，但好在最终还是完成了。本书主要面向想要学习 JavaScript 的初学者，书中掺杂了本人大量的个人总结，以及对 JavaScript 的热爱。第 1 章可以说是纯粹讲基础，对于编程还不够敏感的朋友，应该能够有所收获，这也与本人创作此书的初衷契合，简单来说，就是希望能够以一种不那么“痛苦”的方式帮助初学者入门。所以第 1 章中的很多地方，比如对象、数据类型等，本书都尽可能用大白话讲解。至于后面的函数七重关，也是个人的一些总结，为了更好地讲述，可以说详细到了令人“发指”的地步，函数作为 JavaScript 的核心知识点，加之它有很多令人困惑的地方，个人建议初学者还是要认真学习一下。

本来我希望用更多的篇幅介绍现在的主流前端框架 Vue.js，不过本书毕竟还是以讲解 JavaScript 的基础为主，所以就没有过多地讲述 Vue.js。当然，我也希望叶小凡的故事能够继续下去，未来，本人也有可能继续用叶小凡的故事深入讲述 Vue、React 等主流框架。

学习很枯燥，这一点不可否认。但是，任何一个对前端开发感兴趣的朋友都会苦中作乐，于是本书诞生了。希望本书所讲述的知识能够在给你带来快乐的同时，也对你有所帮助。

编　者

2021 年 3 月